境外安全
防范手册

JINGWAIANQUAN
FANGFANSHOUCE

张根田◎主编

世界知识出版社

图书在版编目 CIP 数据

境外安全防范手册 / 张根田主编 . —北京：
世界知识出版社，2014.12
（天盾安防系列）
ISBN 978-7-5012-4796-7

Ⅰ.①境… Ⅱ.①张… Ⅲ.①安全教育－手册
Ⅳ.①X925-62
中国版本图书馆CIP数据核字（2014）第290727号

策划编辑	贾丽红
责任编辑	贾丽红　李　刚
责任出版	赵　玥

书　　名	**境外安全防范手册** Jingwai Anquan Fangfan Shouce
主　　编	张根田
出版发行	世界知识出版社
地址邮编	北京市东城区十面胡同51号（100010）
网　　址	www.wap1934.com
电　　话	010-65265923（发行）　010-85119023（邮购）
经　　销	新华书店
印　　刷	北京晨旭印刷厂
开本印张	710×1000毫米　1/16　17印张
字　　数	268 千字
版次印次	2015 年 1 月第一版　2015 年 1 月第一次印刷
标准书号	ISBN 978-7-5012-4796-7
定　　价	38.00元

前 言
PREFACE

随着世界经济的增长，国际交往及旅游业的发展，各类出境人员（商务、公务、劳务、留学、旅游等）也日趋增多。与此同时，"走出去"的我国公民面临的安全问题越来越突出，风险也越来越大。

为了保证我国公民在境外的安全，2006 年 4 月 25 日，外交部发布了《中国公民出境旅游突发事件应急预案》。

《中国公民出境旅游突发事件应急预案》首次建立起包括预警信息收集、预警评估和预警发布等内容的旅游安全预警机制。今后，根据出国旅游目的地的安全状况，国家有关部门将发布出境旅游提示、出境旅游劝告和出境旅游警告三个层次的预警信息。这将为中国公民加强自我保护意识、选择安全出境旅游目的地提供重要的信息服务。

《中国公民出境旅游突发事件应急预案》不仅体现了党中央关于境外应急工作的基本原则，按照"以人为本，救助第一；迅速反应，减少损失；依法规范，协调配合；顾全大局，服从指挥"的要求，建立了由国务院统一领导、境内外协调和部门协调的出境旅游突发事件应急处置机制，提出了在境外进行应急处置工作的具体要求，设定了应急程序和措施，还体现了党中央、国务院对我国公民人身安全的高度关注和重视。

总之，《中国公民出境旅游突发事件应急预案》的发布，对预防和减少出境旅游风险及损失，增强应对各种境外突发事件的能力，保障中国公民出境旅游的安全将发挥积极作用。

近年来，图书市场上虽然已经有些关于出境安全方面的图书，但实用性强、能够提供安全常识、具有一定文化品位的境外安全图书较少。为了满足我国出境人员的实际需求，我们编写了本书。

本书用生动通俗、幽默风趣的语言，介绍了出境前期准备、境外日常安全提醒、境外突发事件的应对、境外常见疾病的预防、境外急救和求救常识等内容。本书图文并茂，形式新颖，既是出国人员很好的安全教育和培训教材，也是出国人员规避、防范境外政治风险、自然风险和其他风险的行动指南。

由于编者水平有限，书中难免有不当之处，敬请读者批评指正。

Catalogue 目录

第三章 健康安全——国外健康生活一览 / 77

第四章 危机自救——境外高危事件应对 / 117

第五章 遇灾避险——境外突发自然灾害 / 143

第六章 孤独有助——急救、求助安全常识 / 193

目录

5

第一章 有备无患——出境安全常识一览

TIAN DUN AN FANG

随着人们的生活水平日益提高，出国旅游成为了一种时尚。虽然出国旅游是一种风光，但是在出国旅游入境前一定要注意一些安全事项，比如说如何登记、需要带哪些物品等等，这些都是我们要考虑的因素。

引例

　　小李是一家外企的业务经理。最近由于公司跟一家美国的公司签订了一个业务来往的合同,公司便委派小李去美国协助对方完成业务。由于小李是第一次出国,她携带了很多要用的生活用品和一些给国外朋友的小礼物,但在过安检时由于小李携带有限制进出境的物品,结果被安检人员扣留了。小李当时很后悔没有在出境前了解一些出境常识。

　　从上面的案例我们可以知道,掌握一些出境常识可以减少很多不必要的麻烦。

出国前的准备工作

在现代社会，出国对于我们每个人来说并不陌生。那么，出国前一般都有哪些准备工作呢？一般来说，出国前的准备工作包括申办护照、签证，购买机（车、船）票、托运行李等各个环节。除了护照和签证外，你自己应向地方检疫部门申请健康证并接受有关的预防接种，取得"黄卡"。接下来，我们一起了解一下相关的具体事项。

一，申请护照。护照是国家的主管机关发给公民出入本国国境和在国外旅行、居留的合法证件与国籍证明书。

我们在对护照进行领取的时候，应仔细核查护照上所填写的每个项目有无差错，在一旦发现有误的情况之下，应在第一时间内向发照机关提出，由发照机关做相应的处理，尤其值得注意的是切不可私自改动，因为私自改动会造成涂改护照痕迹，而涂改过的护照是无效护照，持用这种护照出境时，边防检查机关有权阻止出境，并依法处理。

除此之外，还需注意的是护照必须妥善保管，不得污损、涂改，严防遗失。

二，申办签证。签证是一个主权国家发给本国公民或者外国公民出入或通过其国境的一种签注和盖印，表示准许进入、通过其国境。

出国前一定要提前办好相关必要的签证，也就是办理前往国家的入境签证或旅游签证或中途路过国家的过境签证。

三，办理黄皮书时一定要进行身体健康检查。黄皮书也就是我们通常所说的预防接种书。之所以要办理这种证明是为防止国际间某些传染病的流行，各国都对外国人进入本国国境的接种作出规定，并根据不同时期、不同地区和疫情的分布情况做不同的规定。在这种情况之下，出国人员办理接种手续前，一定要有深入的理解。

四，预购国际机票。在做出国准备之前，选择方便、经济、合理、中转次数少、中转手续简便的路线无疑是最佳选择。现代社会条件下，各国航空公司一般给长途旅客24小时以内转机提供食宿方面的方便，因此在选择换乘飞机的时间、地点时，可以结合这些条件加以考虑。

购买机票，在就近的中国民航售票处购买国际机票是比较可行的方法，当然也可以通过旅行社代办，或委托国外、港澳台亲友代购。购买机票的同时，要确认机座；拿到机票后，应认真核实机票填写的飞机班次、日期、途经城市、到达城市是否正确，座位是否确认（即"OK"），只有机座得到"OK"，搭乘飞机才是让人放心的。

值得注意的是，机票上都注有姓名，一旦购买就不可转让。购买机票要特别注意机票上的姓名和护照上的汉语拼音姓名需完全一致，若填错了，就不能登机。

五，整理行李。如果是乘国际航班，一般可免费托运行李20公斤（头等舱机票可托运30公斤）。但是也有例外，如有少数航空公司规定，可免费托运30公斤。行李超重部分要付超重费。在现代竞争越来越激烈的情况之下，某些航空公司为提高竞争能力，对行李超重收费方面作法灵活，有时甚至不收超重费，但在满员飞行的情况下，则要求严格。

如果要携带物品或礼品出境，要遵守我国海关和前往及途经国家海关的规定。

六，入境先问俗。出境前，应对前往国的概况进行一番了解，尤其是有关气候、民俗和法律，这对于适应当地生活、遵守所在国法律、尊重当地人民群众的风俗习惯都是十分必要的。

必不可少的护照

护照是主权国家发给本国公民出入境执行任务、留学、旅行或在国外居住者证明其国籍和身份的证件，因此，不论是留学、考察、旅游等哪一种目的出国，都要办护照。有了护照，对出境者来说，就如同有了护身符、通行证。

中华人民共和国护照分为外交护照，公务护照，普通护照和香港、澳门特别行政区护照。普通护照又分为因公普通护照和因私普通护照。中华人民共和国旅行证是中华人民共和国护照的代用证件。

1. 中国护照的签发对象

外交护照主要签发给具有外交身份的人员，如外交官，领事官员和到外国进行国事活动的国家元首、政府首脑或政府代表成员及其随行配偶和未成年子女。

公务护照主要签发给中国各级政府部门的工作人员、驻国外的外交代表机关、领事机关和驻联合国组织系统及其专门机构的工作人员和他们的随行配偶、未成年子女等。

因公普通护照主要签发给国有企事业单位出国从事经济、贸易、文化、体育、卫生、科技交流等公共事务活动的人员。因私普通护照主要签发给因定居、探亲访友、继承财产、留学、就业、旅游等私人事务出国和定居的中国公民。

香港、澳门特别行政区护照主要签发给持有香港、澳门永久性居民身份证的中国公民。

2. 签发护照机关

在国内，因公务出境的中国公民的护照由外交部或外交部委托的外事部门签发；因私事出境的中国公民的普通护照由公安部或公安部委托的地方公安机关签发；香港、澳门特别行政区护照由中央人民政府授权香港、澳门特别行政区政府依照法律签发，具体负责签发护照的机关是香港特别行政区入境事务处和澳门特别行政区身份证明局。

在国外，应当向中华人民共和国的驻外使领馆或外交部委托的其他驻外机构申请护照。

另外，签发护照机关根据法律有权拒绝发给护照，对已发护照有权吊销。

3. 护照证件有效期和有效地区

外交护照、公务护照和普通护照的有效期，根据持照人不同情况和需要加以确定。普通护照的有效期为：护照持有人未满 16 周岁的 5 年，16 周岁以上的 10 年。香港、澳门特别行政区护照的有效期为 10 年。

中华人民共和国各种护照的有效地区为全世界。

如何申办护照

随着我国经济的不断发展，我国同世界各国的交往也越来越多，我国公民走出国门的机会也不断增多。但是现在无论是到国外出差还是到国外旅游，都需要护照。因此，公安部出台了 30 项便民利民措施，其中决定把居民凭身份证、户口簿按需申领护照的范围由上海、南京等 25 个大中城市扩展到 101 个大中城市，达到全国大中城市总数的约 1/3。公安部在 2004 年 1 月 3 日举行新闻发布会公布，2003 年，中国已有 101 个大中城市实现了居民仅凭身份证、户口簿便可按需申领护照。2004 年此项工作推广到全国 80% 的大中城市。

那么，当我们出国时该如何办理护照呢？

1. 怎样申办护照

因公出国人员的护照，由外交部或外交部委托的外事部门办理。

因私出国人员的护照，由公安部委托的县级以上公安局办理。自 1996 年 12 月 1 日始，由公安部出入境管理局颁发的《公民因私事出国护照申请、审批管理工作规范》正式实行。中国公民因私出国手续简化，出国旅游人员到所在地公安局出入境管理部门提交下述材料即可办理护照：

（1）填写完整、贴有本人近期正面免冠照片的"申请表"一式二份。

（2）小二寸（32×40 毫米）照片两张。

（3）居民身份证、户口薄或其他户籍证明。

（4）与出境事由相应的证明材料。

2. 申办护照的证明材料

本人户口簿、身份证，集体户口的要有户口卡片。户口簿与身份证项目不一致或户口尚在迁移中的，需先到户口所在地派出所办理变更或落户手续，外地迁到本地落户的，身份证签发地须做相应的变更。

直边光面相纸的近期正面免冠彩色单人半身证件照 2 张。公职人员不着制式服装，儿童不系红领巾。尺寸为半身证件照尺寸，即 48×33 毫米；头部宽度 21—24 毫米，头部长度 28—33 毫米。

3. 办护照先申请审批表

中国公民因私事申请出国，凭居民身份证、户口簿或其户籍证明，即可向本人户口所在地的市、县公安机关领取公民因私事出国（境）申请审批表。有的地方也能从网上下载申请表。当然也可在暂住地申请办理因私护照。那么拿到申请表以后又该如何填写呢？

（1）须用黑色或蓝黑墨水填写，字迹清楚、整洁，不准涂改。

（2）填写申请人姓名须用国家标准简化汉字，与户口簿、居民身份证一致。

（3）"拼音姓名"须按普通话拼写；"出生日期"须与户口簿、身份证一致；"出生地"填写省、直辖市即可；"婚姻状况"按实际情况填写。

（4）"户口所在地"是指申请人户口所在地的详细地址，须与户口簿一致。

（5）"政治面貌"可填"中共党员"或民主党派的名称或"群众"。

（6）"文化程度"按国家主管教育部门承认的最高学历填写。"职业、职务、职称"按申请人现行状况和国家承认的"职称"填写。

（7）"工作单位"须填写全称。申请人档案与工作单位不一致的，填写现工作单位，在备注栏注明档案存放地。退休人员档案存放在原单位的，填原单位。

（8）"属第几次申请因私出境"是指在公安机关申请出境的次数，未被批准的也合并计算，并在备注栏内说明未被批准情况。

（9）"本人简历"应从初中填起，起止日期要准确、衔接。

（10）"国内外家庭主要成员"按实际情况填写。家庭成员在境外的，用中文填写境外单位、地址。

（11）前往国家按出境后第一个国家填写（不含过境国家），事由只选一项。

4. 出境申请的审批时限

公安机关出入境管理机构对出境申请应当在 20 个工作日（大、中城市在 15 个工作日，偏远地方可以延长至 30 个工作日）作出批准或不批准的决定，并通知申请人。申请人在规定时间内未接到审批结果通知的，有权查询，受理部门应作出答复；申请人认为不批准出境不符合《中华人民共和国公民出境入境管理法》的，有权向上一级公安机关提出申诉，上级机关应当作出处理和答复。

5. 邮政速递可提前取到护照

办理因私护照的时间一般为 15 个工作日，为了减少往返次数，加快办理时间，申领人如果采用邮政速递，可以提前 2 天领取证件。愿意采取速递者，在办结申请手续后，持《取证回执单》到邮局设在出入境管理处的服务台，办理邮政速递手续。

6. 遇到紧急情况可申请加急办理

出国治病、探望危重病人、奔丧、入境许可证或签证期即将届满、出国参加紧急商务活动、出国留学等，如果遇到上述紧急情况可申请加急办理。一般在 5 个工作日内可以取证，特殊情况可在 3 个工作日内取证。申请加急办理必须持证明材料：

（1）出国治病、探望危重病人须提交境外医院医生开具的证明；

（2）奔丧须提交境外医院或警察局开具的死亡证明；

（3）前往国入境许可证或签证期即将届满须交验原件；

（4）出国参加紧急商务活动须提供有商务活动日期的境外邀请函；

（5）出国留学离开学时间不足一个月的，须提交有开学日期的入学通知书。

7. 护照遗失怎么办

护照是出境后的身份证，没有护照寸步难行，一定要妥善保管，严防丢失。不慎丢失，要立即申请补发。

（1）发现遗失护照时，可将号码、发照日期、户口本复印件和照片拿到大使馆申请补发，过一个星期左右，即可拿到新护照。

（2）为了护照遗失后能立刻申请补发，宜事先备户口薄复印件、两张照片并记下护照号码、发照年月日及交付地点等，宁可备而不用，不能用而不备。

（3）在取得护照遗失地公安派出所出具的报失证明并登报声明护照作废后可申请补发新护照，无须提交其他证明材料。

（4）不要把现金夹在护照里，一旦护照遗失，失而复得的可能性就小多了。

签证是怎么回事

签证是一个国家的主权机关，在本国和外国公民所持的护照或其他旅行证件上签注、盖印，以表示允许其出入本国国境或者经过国境的手续，也可以说是颁发给他们的一项签注式的证明。签证制度是国家主权的象征，是国家对于外国人的入境实施有效控制和管理的具体表现，并以此达到维护国家安全及国内社会秩序的目的。通常情况下，一个国家发给外国人的签证，是以外国给其本国国民的待遇是否平等互惠为原则，为两国国民彼此往来给予同等的优惠和便利。各国签证种类有所不同，但一般依据入境事由可分为外交、公务、礼遇、旅游、过境、入境、居留签证等；依据入境次数可分为一次入境和多次入境签证；依据使用人数可分为个人签证和团体签证等。

1. 怎样申办签证

护照办好后，就可以申请签证。我国旅游者须持签注有效签证的护照方可出国旅游。所前往目的地国家的旅游签证通常由旅行社统一向该国驻华使领馆申办。国内已有不少的大旅行社可为因私出国的人员代办签证。他们熟悉办理签证的手续。委托他们办理签证，只须付少量的手续费，可省去许多麻烦。目前，经国家批准开放为中国公民自费出国旅游目的地国家的签证申办手续不尽相同，有的国家比较容易，有的国家比较复杂。签证所需的时间因所去的国家不同而异，一般要在一个星期以上。

2. 申请外国签证需提交的证件资料

（1）本人有效护照或代替护照的其他有效旅行证件等；

（2）国外亲友的邀请信原件，担保函原件，身份证明材料、护照或身份证的复印件及其他相关的材料；

（3）有关申请人本人的各类相关资料；

（4）提交的本人照片，必须和护照上的照片一致。

3. 申办签证面试注意事项

中国公民申请因私出国签证时，不少驻华使领馆都要求会见申请人，习称面签。申请人接受面签时，要注意：

（1）讲究礼貌，态度从容，落落大方，不要紧张；

（2）要实事求是地讲清自己申办签证的目的，入出境时间，停留期限，保证遵守前往国法律和按期回国等；

（3）若使领馆官员对申请人的某些方面提出疑义时，要如实正面回答，以解除其怀疑，切不要置之不理或答非所问；

（4）要一问一答，提一个问题，答一个问题，回答要简练，清楚、准确。

4. 什么是 72 小时便利签证

72 小时便利签证是国务院为促进中国旅游业的发展，从 1994 年开始在深圳首次推行的一项旅游优惠政策。持"便利签证"出入境免填入境卡，免交签证费，护照上免盖印章，口岸提供专用通道。"便利签证"更类似于"免签证"，一切手续在旅客入境前已完成，可最大程度缩短旅客在过境通道的停留时间。除未与中华人民共和国建交的国家的公民和个别特殊身份人士外，其他到香港的外国旅客均可通过"便利签证"进入深圳特区。

5. 如何出入海关

（1）填写所赴国"出入境登记卡"及"申报单"，一般旅行社在客人出境前已代客人填妥。

（2）到达目的地后，按通道所示至海关，持本人护照，填好出入境登记卡及过境签证。

（3）过关后，按屏幕显示的航班号，提取行李，持"申报单"过无申报柜台（绿色通道），走"团体出口"与导游联系。

（4）旅行结束离开某国时，持本人护照、出入境登记卡及登机卡过海关出境。

（5）过海关不可替陌生人带物品，以免有违禁品等非法物品给自己带来麻烦。

自己送签还是委托送签

办理签证通常人们较为熟悉的是委托旅行社或签证公司来办理。

委托送签的好处，是专业化的旅行社或送签公司会十分了解签证的办理程序，你不用来回跑使馆，按照约定到委托的旅行社或签证公司取回办好的签证就可以了。

但是，在办理欧洲一些国家签证或者美国签证的时候，使馆可能会约申请人本人见面。你所委托的送签单位并不能代你减掉这样的繁琐环节。

大部分使馆都不会拒绝个人来使馆办理签证。许多使馆在网站上会介绍详细的办理程序，并且可以查询签证办理的结果。国外的自助旅行者通常是在签证这一关的时候，就完全由自己来做了。

签证有时会被送签业务经营者描述成难上加难，但事实上并非像他们描述的那样困难。市场上有一本《我如何取得 26 国签证》的书，讲述的就是一个普通人办理签证的奥妙。如果你有能力，不妨试一下自己送签。这样一来锻炼自己的能力，二来也可以省掉一大笔费用，因为你在委托送签时送签方会收取相当可观的"签证代办费"。

自己送签需要了解送签程序和具体费用等问题，还需要对使馆的各项规定掌握清楚。以办理马来西亚旅游签证为例，你可以在每周一到周五任何一天的上午9 点到 12 点，到位于北京的马来西亚驻华大使馆的签证处直接办理。带一张两寸护照相，领取并当场填写申请表格，加上签证费直接递送到窗口就可以了（签证费是 80 元）。如一切正常，3 个工作日后，就可以取到你的马来西亚旅游签证了。

许多使馆还有领事馆分工的问题，也需要注意。如澳大利亚的上海领事馆和广州领事馆就有这样的分工：上海总领事馆收取北京、黑龙江、吉林、辽宁、天津、山东、河北、内蒙古、陕西、河南、宁夏、山西和四川、重庆、甘肃、青海、新疆、西藏、上海、江苏、浙江、安徽、江西和湖北的申请，而广州总领事馆只收取来自广东、福建、湖南、广西、云南、贵州和海南的申请。

公民因私事出国的范围

根据《中华人民共和国公民出境入境管理法》及其实施细则的规定，公民因私事出境入境包括：定居、探亲、访友、继承财产、留学、就业、旅游和其他非公务活动。

1. 出国定居

出国定居，亦称移民，是指我国公民因私事前往国外永久居住。

中国是世界著名的文明古国。中国与外国，中华民族与海外民族，很早就发生了密切的政治、经济和文化联系与交往，中国人移居国外就是在这种频繁交往的历史过程中出现的。

中国人移民海外的历史可追溯到秦汉时期，但大规模移居海外却是近代1840年鸦片战争以后开始的，从那时起至1949年移民海外的人数达到1500万人，其移民原因、方式和人数都发生了根本性变化。在100余年的时间里就有数以千万的中国人以"契约劳工"的形式移民国外，从亚洲到欧洲，从大洋洲到美洲，到处都有中国人的身影。正是这一时期的中国移民确立了现代中国侨民和外籍华人的分布状况和基本特点。

中华人民共和国成立以来，大约有2000多万中国公民及其后裔脱离中国国籍，变为别国公民。这一时期中国移民无论是移居原因、性质、数量、前往方向，以及移居的对象，都有着与前一时期不同的特点，出现了许多新情况。这一时期，以家庭团聚出国定居为主，移居西方国家较多，改变了历史上移居毗连的东南亚的趋势，同时出国定居者由历史上主要以农民为主，发展到有工人，知识分子，干部和一些文艺、体育人才。出国定居向高层次多元化发展。

2. 出国探亲访友

出国探亲访友是指我国公民受居住国外的亲属或朋友的邀请，而申请前往探亲、访友。公民出国探亲访友，不仅加强了亲友之间的往来，而且对中国与世界各国交往也起到了积极的推动作用，也有利于我国的经济建设。

3. 出国继承财产

办理海外遗产继承，法律手续较为复杂，采取何种方式，应视遗产所在国、遗产的种类、数目、诉争情况和对继承人有利与否而定。办理海外遗产继承的具体办法，应依据《中华人民共和国继承法》第三十六条的规定："动产适用被继承人所在地法律，不动产适用不动产所在地法律。"中华人民共和国与外国订有条约、协定的，按照条约、协定办理。

在中国大陆居住的侨眷、外籍华人眷属或其他公民，继承海外亲属的遗产一般包括：

（1）被继承人生前定居海外，从事经济或其他活动遗留的产业；

（2）被继承人在海外任教，或从事医务、工程技术等工作遗留的财产；

（3）被继承人生前在国外银行的储蓄、存款，或持有外国公司的股票或有价证券、房产契据；

（4）被继承人生前未领取的养老金、医疗费和死亡后的丧葬费等。

4. 出国留学

出国留学包括自费出国留学和公派出国留学两种。自费出国留学是指我国公民提供可靠的证明，由居住国外或港、澳、台地区的亲友资助，或者使用自己或亲友在国内的外汇资金，或者取得国外奖学金到国外大专院校、科研机构学习或进修的一种留学方式。公派出国留学又包括国家公派和单位公派。

5. 出国旅游

旅游是指一国公民以探亲、访友及游览为目的，离开自己的居住国，前往另一国家去旅行、游览和短期居留的一种活动。根据世界旅游组织编印的《旅游手册》，度假、商务、学习、公务或会议、体育活动、探亲访友及其他有关活动的人均为旅游者。我国实行改革开放政策后，随着经济的发展，人民生活水平的提高，公民出国旅游已从梦想变为现实，但我国公民大规模出国旅游的时机尚未成熟。现在已开展前往旅游的国家只有新加坡、马来西亚、泰国和菲律宾，以及中越、中朝、中俄等边境地区开展的边境旅游。目前批准的边境旅游只限于在边境地区居住的公民参加。严禁办理公费旅游，坚决制止异地办理出国旅游。

出国旅游统一由各地国家指定旅行社承办组团，承办单位要派人领队，申请人到境外后，必须服从指挥、统一行动，不得滞留国外，须按期统一回国。在境外要遵守所在国（或地区）的法律、规定和民俗习惯。

6. 出国就业

公民出国就业，主要是指由公民个人或"境外就业职业介绍所"根据国（境）外就业信息，自己选择国外雇主并签订合同，去国外谋生的一种短期个人行为。它实际上是劳务输出的一种形式。

目前从事境外就业职业介绍，必须持有劳动部批准颁发的"境外就业服务许可证"。没有"许可证"而从事境外就业介绍的单位（或机构）是非法的，欲出国就业的人员在办理出国就业事宜中切勿上当受骗。

7. 出国劳务

出国劳务，也就是劳务输出，主要是指由我国外派单位的外派劳务人员到国（境）外从事经济、科技、社会等活动。外派单位是指经对外经贸部批准，具有对外承包工程、劳务合作、设计咨询经营权的企业；外派劳务人员是指外派单位按照与国（境）外政府有关机构、团体、企业、私人雇主所签订的承包工程、劳务合作、设计咨询等合同规定，派出从事经济、科技、社会等活动的各类专业劳务人员。

外派单位组织派出劳务人员必须持有对外经贸部颁发的《外派劳务人员许可证》和对外签订的合同。

出国劳务原则上持因私普通护照，因为出国劳务一般不代表政府行为而只代表企业或个人行为，而因公护照是代表国家出国执行公务。因此，出国劳务持因私普通护照既符合我国国情又有利于改革开放形势发展的需要。

8. 其他非公务活动出国

根据主管机关的解释，"非公务活动"出国是指除我国各级党政机关、人大、政协、军队、法院、检察院、民主党派、人民团体等单位派出执行公务活动的人员，以及为执行我国各级政府部门对外签订的协定、协议而派出的劳务人员和可直接实施管理的承包建筑工程劳务人员以外的各类人员的出国活动。

出国谨记"四句话"

中国使、领馆固然有保护侨民的责任，每一个中国公民也有自身的权利和义务，领事保护是两者的结合。不懂得维护国家利益的公民是无知的公民，没有整体观念的民族是可悲的民族。

每一位中国公民，从出国的第一天起，就应当意识到，国门以外，代表祖国，最可信赖的人就是中国使、领馆的领事官员们。一旦遇到自己无法克服的困难，他们就是自己的依靠，一定会向你伸出援手来。

出国的目的各自不同，将来可能遇到的问题也各不一样。全世界每天都在发生与华人华侨有关的大小案件，可以说是错综复杂、千变万化的，没有两件事完全相同。虽然每一个出国的人都有各自的特殊性，但是更多的是大家都具有的共同性。这些"共性"的东西，就是每一个出国的中国公民都必须掌握的、最基本的知识和方法。下面我们通过"四句话"来告诉大家应对危险的方法。

第一句话是"预防为主"。出行之前应当尽可能详尽地了解目的国和目的地的情况，包括政治、经济、风俗文化、地理气候，甚至生活细节，有针对性地做好准备。到达以后尽快与中国使、领馆及华人华侨组织取得联系，保管好自己的财物和证件。总之，提高警惕，时刻戒备，消灭掉一切隐患。预先防止灾害事故的发生，比任何事后的补救和领事保护都来得有效。

第二句话是"报警报医"。一旦事故发生，第一时间是向当地警方报案，保护现场和证据，并严格执行警方的指令。这里依据的是"用尽当地救济原则"。如果出现伤亡，当然抢救生命更为紧要。

第三句话是"呼叫使馆"。在最短的时间内，向中国使、领馆求援。这是受到法律保护的公民权利，任何人不能阻拦或延误。一时有困难，也可以向当地华人华侨组织求救，向最可信赖的亲友同事求救，并请他们及时转告中国使、领馆自己的处境。

第四句话是"自我保护"。这里强调的是领事保护与自我保护相结合。消极等待领事保护有可能延误时机，造成更大的损失。遇事沉着冷静，理智地采取一切可行的办法实行自我保护和救助是必要的。生命是最宝贵的，迅速逃离险境是第一选择。

领事保护不是万能的

　　领事保护不是万能的，它的保护范围是有限的。我们的外交机构只保护公民的合法权益，不保护非法出境，不保护违法行为，不为罪犯提供庇护，也不处理居民的生活琐事。有一些华侨，家里发生了口角，宠物生了病，都找到大使馆请求帮助，显然是把大使馆当成了派出所或街道办事处。每一个中国公民心中都要有一个"是"与"非"的尺度，清楚哪些事领事保护可为，哪些事领事保护不可为。

　　首先，使、领馆是派出国国家的代表机关，它对本国国民的保护，无论是探视还是交涉，实际上是依据国际准则、国际惯例等敦促驻在国执法机关依法行使职权，而不能越过它们自行其是。领事保护涉及国际法、接受国和派遣国法律，情况十分复杂，中国使、领馆对中国公民提供领事保护时，不能超越其执行领事职责的权限。

　　其次，在我国外交机构的人员组成上尚缺少专业化队伍。因为领事保护涉及很多法律问题、经济问题、群众工作等基础问题，要掌握方方面面的知识，急需要建立一支能够打硬仗的高素质的专业化队伍。

　　第三，资金和人力上有时会出现问题。我国驻外使、领馆领事部门人员少，有的领事官员身兼数职，往往分身乏术。在实施领事救助和保护时，部分公民身无分文，而中国暂时没有这方面的专项基金，往往要向当地的慈善机构、基金会和华侨华人社团求助。

　　第四，难以掌握境外中国人的准确数字。非法出境以及非法滞留的中国人平时不与使、领馆联系，这样，中国使、领馆难以掌握所在领区到底有多少中国人，实施领事保护的时候也就会遇到意想不到的困难。

领事保护的能力也是有限的。处理国际社会突发事件，不同于处理一般的矛盾冲突。其难点主要有以下几点：

第一，具有高度的敏感性。公民在海外遇险或遇难往往会牵涉到双边或多边外交关系，并触及民族情绪、宗教感情等敏感神经。如果处理不好，可能引发国际争端。

第二，事件的起因往往具有相对的复杂性。公民在海外遭遇意外事件，既可能与政治、宗教、民族和历史原因有关，也可能与谋取经济利益有关，还可能是由纯粹的交通意外或因自然灾害等所致。

第三，处理过程难度较大。由于出事地点和当事人均在国外，很难在短时间内准确了解事件情况，沟通、交涉艰难。在处理过程中还要考虑到当事国政府、肇事人、受害人及其家属，更增加了问题的复杂性。

第四，国际恐怖组织、分离组织和极端宗教组织的介入。这些组织的成员或者是极端狂热、不顾后果，或者是受过系统的训练，事前经过精心策划，做案手段更为老练和残忍。与传统的海盗、黑社会及刑事犯相比，处理起来更具危险性。

第五，传统的暴力集团（海盗、黑手党、刑事犯罪分子）渐向政治化倾斜。受后冷战时期泛政治化的影响，他们在制造国际事端、谋取经济利益之外，还加入很深的政治图谋。随着武器走私和高新技术的广泛应用，许多暴力组织装备有先进的武器和发达的通信设备，其实力甚至超过政府武装，这大大增加了政府应对的难度。

本国公民可以到本国使、领馆寻求帮助，但不能无理取闹，扰乱使、领馆正常秩序，甚至围攻使、领馆，对领事官员进行恐吓，这些行为都触犯了国内和国际有关法律，情节严重的将受到有关法律的制裁。我国《治安管理处罚条例》第19条规定，扰乱机关、团体、企业、事业单位的秩序，致使工作不能正常进行的，"处15日以下拘留、200元以下罚款或者警告"。《维也纳外交关系公约》和《维也纳领事关系公约》也规定，使、领馆馆舍及外交、领事官员人身不得侵犯，接受国负有特殊责任保护使、领馆馆舍免受侵入或损害，并防止一切扰乱使、领馆安宁或有损使、领馆尊严的行为。

使、领馆的领事保护和领事协助是国家外交行为而非行政行为。我国《行政诉讼法》第十二条规定，法院不受理公民、法人或者其他组织对"国防、外交等国家行为"提起的诉讼。《行政复议法》也不适用外交行为。外交行为不能起诉。外交交涉可能成功，也可能不成功。只要外交官、领事官员认真执行政府指令，尽职尽责交涉，就不能以成败论英雄，也无责任可究。中国公民对驻外使、领馆的领事保护工作有意见，可向外交部领事司、纪律检查委员会和监察局投诉。

进出境哪些物品不能携带

现在很多公民无论是从我国出境，还是从境外回国，都喜欢给自己的亲朋好友携带各种"礼物"。但是却不知道我国法律对进出境物品有特殊的规定，有些物品会被机场的工作人员扣下，并且产生很多不必要的麻烦。那么，究竟不能携带哪些物品进出境呢？

1. 限制进出境物品的范围

（1）限制进境物品包括

①无线电收发信机、通信保密机；

②烟、酒；

③濒危的和珍贵的动物、植物（均含标本）及其种子和繁殖材料；

④国家货币；

⑤海关限制进境的其他物品。

（2）限制出境物品包括

①金银等贵重金属及其制品；

②国家货币；

③外币及其有价证券；

④无线电收发信机、通信保密机；

⑤贵重中药材；

⑥一般文物；

⑦海关限制出境的其他物品。

 2. 禁止进出境物品的范围

（1）禁止进境物品包括

①各种武器、仿真武器、弹药及爆炸物品；

②伪造的货币及伪造的有价证券；

③对中国政治、经济、文化、道德有害的印刷品、胶卷、照片、唱片、影片、录音带、录像带、激光视盘、计算机存储介质及其他物品；

④各种烈性毒药；

⑤鸦片、吗啡、海洛因、大麻，以及其他能使人成瘾的麻醉品、精神药物；

⑥带有危险性病菌、害虫及其他有害生物的动物、植物及其产品；

⑦有碍人畜健康的、来自疫区的，以及其他能传播疾病的食品、药品或其他物品。

（2）禁止出境物品包括

①列入禁止进境范围的所有物品；

②内容涉及国家秘密的手稿、印刷品、胶卷、照片、唱片、影片、录音带、录像带、激光视盘、计算机存储介质及其他物品；

③珍贵文物及其他禁止出境的文物；

④濒危的和珍贵的动物、植物（均含标本）及其种子和繁殖材料。

国际机票的种类

外航的机票种类极多，且每一地区的航线都根据市场情况而产生不同的机票种类，各有不同的用途、票价、限制，以适应旅客的需求、消费能力。

1.普通一年期机票

主要分头等票、商务票以及经济票三种。有效期为一年。

这种机票购买时不须指定航班。持票人如已持有护照、出国证明及目的地的签证，只需启程前一日或甚至二三小时前订位，经确认机位后，便可按时登机出发。按票面价购入的普通一年期机票，可以换乘其他航空公司的航班。一般来说，普通一年期机票票价较高，但灵活方便，没有太多限制，时间上较易掌握，若预计途中可能随时改变路线、时间的话，以购买普通一年期机票较好，虽然票价较高，但物有所值，所节省的时间及其灵活性可能比购买特价票更划算，且退票时较有利。

2.旅游机票

其票价一般比普通一年期机票较廉，但限制较多，例如只售来回票而不能购买单程、不能更改目的地等。这种票价又分中途停站及不停站两种，中途容许停站的票价较贵。并且，持票人一定要在目的地停留一段时间，还要在规定机票有效期内回程，例如香港—伦敦的旅游机票为 90 天内有效，即持票人必须在此限期内回程，否则失效。

购买此种机票时，应该详细了解有效期，以免机票因过期失效，回程要另行买票，招致损失。

3. 团体机票

由航空公司委托的旅行社作为指定代理，事先向航空公司订下若干数目的机位，作为举办团体旅行之用。按规定这种团体机票不能出售与个别旅游人士，但实际上，某些航线上的特价机票，事实上是团体机票而通过指定的代理出售。但购买时应该注意其有效期及能否退回程票。因为某些团体票在机票上注明不能退款，如因签证或其他原因延误，引致不能出发或回程，则损失很大。

4. 包机机票

包机公司或旅行社向航空公司包下整架或部分飞机座位，供会员或一般旅客乘搭。这类机票的票价及营运限制，均由包机公司或旅行社自行订定，通常票价较廉，但限制严格，例如不能退票，或转换日期时要扣手续费或附加费（有时达票价的 25% 至 50%）。而且使用包机票的旅客，如有纷争时，只能向包机公司或旅行社交涉。

5. 预售特价机票

购买这种机票，要在计划出发前数星期（一般为 21 日或 14 日前）到旅行社或航空公司订位购买，交付全部票价。航空公司会在确认机位后出票，持票人必须按所订日期乘搭该航班，而无特殊理由，出机票后再更改出发日期及航班，会增收取消费，有时达票价 25%。购买这类票时，必须清楚预计各种情况，例如你的签证是否能及时领取，或能否按预定的日期出发和返回，以免因种种原因，导致延误而多付取消费用，招致损失。

6. 儿童及婴儿票

（1）有成人偕行的儿童及婴儿购买普通一年期机票，未过 12 周岁的儿童，通常可以按成人票价一半的折扣购买机票。

（2）未过 2 岁的婴儿通常是收取成人普通一年期机票票价的 1/10（不占座位）。

个别航线如属团体特价票，儿童之票价亦按成人特价票的 75% 收取，视季节、流量而定。

如何购买国际机票

现在，飞机是我们到境外的主要交通工具，因此，购买国际机票是每一个出国的公民都会遇到的事情。那么，我们该如何购买国际机票呢？

1. 外航票价

外航的票价因为受机票的种类、航线、航班、季节、流量的影响，所以严格来说，并没有统一票价。而同一航线亦因外航竞争的关系，往往有票价上的差别。

一般而言，普通一年期机票是最贵的一种，但灵活而无限制。此外，外航亦根据流量而划分旺、淡季，而将票价调高或调低。

目前，在香港地区，由多家地区航空公司组成的东方航空协会，为避免恶性竞争，规定了由香港往亚洲及澳洲航线机票的最低票价，不少旅行社都依照该协会规定的最低票价出售。

2. 购买国际机票需出示的证件

购买国际机票时，应出示本人护照、签证、定座序号、支票及外汇证明，航空售票处据此出票。

留学生购票时，还要出示国外学校录取通知书（复印件）和中国银行出具的购票证明等。

3. 退票手续

普通一年期机票在机票有效期内可以退票，只要将未用的机票交回你委托购票的旅行社或航空公司，便可以取回未用航段的余款。但是否收取退票手续费，视旅行社及航空公司而定。

持有旅游机票的旅客，如果在目的地逗留期间超过了机票上所订的回程日期，未在指定日期乘搭回程航班，在退款的计算方面是将旅游机票票价减去普通一年期的经济舱的单程票面价。

不同种类的机票，各有不同的退票计算方法。购买机票时应该向委托的旅游公司了解清楚。

4. 确认机位及依时登机注意的问题

为了确保依时出发，旅客在取得机票后，应该复核机票上的登机日期及机位情况，特别要注意机位情况（STATUS）一栏是 OK（确认）还是 RQ（候补）。此外，请复查你的出发地／目的地的有效出入境证。一般而言，旅客应该在出发日提前到达机场，在所乘搭的航空公司柜位办理登机手续；如果你机票上的机位情况一栏为 RQ（候补），应该尽早与你购票的旅游公司联系，要求协助，或提早亲自到机场，要求外航工作人员将名字列入候补名单内，待有空位时才可登机。旺季时间，候补机位情况十分被动，所以旅客应该尽量避免持 RQ（候补）机票，以免延误，或途中滞留。

护照和机票丢失后如何补办

经常出国的人都知道，在境外护照和机票的丢失是比丢现金更难处理的事情。

把护照及机票的复印件放在另外一个地方，比如存放在下榻酒店的保险柜中，或者反之，只带复印件上街，而把原件放在酒店，是一个重要的防范措施。

护照及机票放在一起的时候，千万记住在当中夹一张小纸条，将你的姓名、电话、下榻酒店之类的联系方式写在上面。欧洲的一些小偷多数有"职业操守"，即把钱拿到后，护照、机票并不撕毁，有的会直接寄回本人。

如果证件被盗，首先要向当地警方报案并取得警方证明，然后要持警方证明到中国驻当地的大使馆或领事馆办理临时旅行证件。如果所在国家没有我国大使馆等驻外单位，这份警方证明就是你唯一合法的出境文件。你从当地离境、中国入境的整个过程，办理登机、海关、边检等手续，都需要持此警方证明。

无论是中国使馆办理的临时证件还是当地警方的证明，通常这样的证件或文件只能使你离开这个国家返回中国，而不能帮助你继续到其他国家旅行。你需要保存好这份证件或文件，回到国内后在户口所在地公安局凭这个证件或文件才能申请补发新护照。

需要记住的是，护照如果被盗，使馆为游人办理的临时旅游证件，不会是一种免费行为，而需要收取费用。补办证件的收费相比在国内办理护照，费用要高出许多。如中国驻马来西亚使馆为在马来西亚丢失护照的中国公民办理临时证件的费用是 260 马币（2005 年 7 月汇率约合人民币 520 元）。

如果机票被盗，也要先去取得警方证明，然后持警方证明去所乘坐的航空公司在当地的办事处办理挂失手续。虽然国际机票被冒用的几率并不高，但也一定要要求航空公司让你填写一份"机票遗失申请表"并留存一份复印件。各航空公司对遗失客票的处理办法并不一致，有的航空公司会补给一张新票，但也有航空公司会要求客人先重新买一张票。遗失机票的乘客在回到原出发地后再到航空公司办理手续，大约要再等待一年至一年半左右的时间后，如果原丢失机票未发生冒用、冒退，航空公司会通知客人来办理退款。但也不排除一些特惠或套装行程机票按照约定不能退票。

如何安全乘坐飞机

一般来说，安全乘飞机要注意的事项包括以下三方面：一是登机前候机过程的安全；二是登上飞机后在机舱内的安全；三是到达目的地下飞机出机场的安全。

登机前需要注意以下几点：

一，提前去机场。这是乘坐飞机的基本要求。一般来说，国内航班要求提前半小时到达，国际航班需要提前一小时到达，以便托运行李、检查机票、确认身份、安全检查。遇到雨、雪、雾等特殊天气，应该提前与机场或航空公司取得联系，确认航班的起落时间。

携带的行李要符合飞机的安全要求，上机时不得违规携带有碍飞行安全的物品。行李要尽可能轻便。手提行李一般不要超重、超大，其他行李要托运。在国际航班上，对行李的重量有严格限制，一般为20—40千克（不同票价座位等级有不同的规定）。如果行李超重，要按一定的比价收费。对于乘客所携带的液体物品的数量，航空公司有严格的限制。当需要携带过多的饮料、酒等物品时，请提前与相关部门确认。

任何乘客均不得携带枪支、弹药、刀具以及其他武器，不得携带一切易燃、易爆、剧毒、放射性物质等危险物品。应将金属的物品装在托运行李中。在机场，旅客可以使用行李车来运送行李。在使用行李车时要注意爱护，不要损坏。在座位上候机时，行李车不要横放在通道内，避免影响其他旅客通行。

二，乘飞机要切记安全第一。不要拒绝安全检查，更不能为了方便而从安全检查门以外的其他途径登机。乘客应主动配合安检人员的工作，将有效证件（身份证、护照等）、机票、登记卡交安检人员查验。

放行后，通过安检门时，需要将电话、钥匙、小刀等金属物品放入指定位置，手提行李放入传送带。当遇到安检人员对自己所携带的物品产生质疑时，应该表示理解，并积极配合。如果携带有违禁物品，要妥善处理，不应该扰乱机场秩序。通过安检门后，乘客应该将有效证件、机票保存好，防止遗失，只需持登记卡进入候机室等待即可。

三，乘坐飞机前要领取登机牌。大多数航班都是在登记行李时由工作人员为你选择座位卡。登机牌要在候机室和登机时出示。如果你没有提前购买机票或未定到座位，需在大厅的机票柜台买票登记。现在的电子客票基本是用有效的证件，到机场可以自助办理登机牌。但是，在有些小城市机票还需要人工办理。在旅客换完登机牌后，一定要注意看登机牌的具体登机时间。如果航班有所延误，需要听从工作人员的指挥，不能乱嚷乱叫，造成秩序的混乱。

登机后需注意以下几点：

一，飞机起飞前登机后，旅客要根据飞机上座位的标号按秩序对号入座，并且应该尽快熟悉机上的环境，了解和熟悉安全通道以及救生衣、灭火栓等所在位置及使用方法。不要随意乱动飞机上的设备。经济舱的乘客不要由于头等舱人员稀少就抢坐到头等舱的空位上。在对号入座找到自己的座位后，将随身携带的物品放在座位头顶的行李箱内，贵重的物品需要放到座位的下面，自己看管好，不要在过道上停留太久。为了避免在飞机起飞和降落以及飞行期间出现颠簸情况，乘客要将安全带系好。

乘务员通常给旅客示范表演如何使用氧气面具和救生器具，以防意外。飞机上要遵守"禁止吸烟"的规定，同时还要禁止使用移动电话、AM/PM 收音机、便携式电脑、游戏机等电子设备。这样做是为了在飞机飞行的过程中，避免干扰飞机的系统而导致发生严重后果，所以乘客们在飞机上要禁止使用手机。

二，飞机起飞后乘客可以看书看报，也可以跟身边的乘客打招呼或交谈，但应不影响到对方的休息，更不要隔着座位说话，不要前后座说话。与他人交谈时，说笑声切勿过高，此时不宜谈论有关劫机、撞机、坠机一类的不幸事件。也不要对飞机的性能与飞行信口开河，以免给他人增加不必要的心理压力，制造恐慌。不要盯视、窥视素不相识的乘客。当其他乘客主动打招呼或找你攀谈，一般要礼貌友好对待，不要拒人千里之外，需要休息时，也应表示歉意，要与其他乘客互谅互让。在自己的座位上就座时，要维护自尊。不要当众脱衣、脱鞋、尤其是不要把腿、脚乱放。飞机上的座椅可以小幅度调整靠背的角度，但应考虑前后座的人，不要突然放下座椅靠背或突然推回原位。更不能跷起二郎腿摇摆颤动，这会引起他人的反感。当自己休息时，不要用身体触及他人，或是将座椅调得过低，从而有碍于人。不要在飞机上吸烟，或者乱吐东西。呕吐时，务必要使用专用的清洁袋。对待客舱服务员和机场工作人员，要表示理解与尊重。不要蓄意滋事，或向其提出过高要求。

三，在飞机上进食时，要注意卫生，防止传染疾病。飞机上的饮料是不限量免费供应的。需要注意的是，要饮料的时候，只能先要一种，喝完了再要，这样做是为了防止饮料洒落。由于飞机上的卫生间有限，旅客应尽量避免狂饮饮料。在乘务员发饮料的时候，坐在外边的旅客应该主动询问里面的旅客需要什么，并帮助乘务员递进去。用餐时要将座椅复原，吃东西要轻一点。

四，一旦在飞行当中遇到了紧急情况，要处变不惊，听从工作人员的指挥。

在飞机停稳后和下飞机时，需要做到以下几点：

下飞机、提取行李、出入机舱都要讲秩序，不要争抢，不可拥挤，要等飞机完全停稳后再打开行李箱，带好随身物品，按次序下飞机。飞机未停稳前，不可起立走动或拿取行李，以免摔落伤人。

在所有交通工具中，飞机是最舒适、档次最高的一种交通工具。在乘坐飞机时必须认真遵守各项乘机礼仪和注意事项。一定要在维护乘机安全的情况下，严格要求自己，保障自己和他人的飞行安全。

乘坐飞机时晕机怎么办

我们如何应对晕机呢？通常来说，造成晕机的原因有很多，如飞机颠簸、起飞、爬高、下降、着陆、转弯、心情紧张、身体不适、过度疲劳……鉴于这种情况，大家在乘机的前一天晚上，一定要保证充足的睡眠，只有这样，才能保证充沛的精力。另外，在登机之后，还有一些注意事项：

一，起降时咀嚼减轻不适。根据有关专家的介绍，一些乘客在乘坐飞机的时候经常出现耳朵不适的感觉，出现耳内闷胀、听力下降，耳痛及耳鸣等情况。在飞机飞到一定高度的时候，因为外界气压比较低，中耳内的气压大于大气压，这就导致外凸，耳朵就会有胀满的感觉，进而使听力下降。在飞机下降的时候，因为鼓室内的压力低于大气压，鼓膜内陷，会导致耳鸣和疼痛的发生。

对于这种情况，乘客可以通过吃东西来咀嚼或者是吞咽，从而使咽鼓管在鼻咽部的开口开放，空气能够自由进出鼓室，这样就可以保证鼓室内外气压平衡，促进鼓膜恢复和保持正常，耳鸣问题也就不会出现了。

二，晕机可吃抗晕机药。有些乘客因为之前没有坐过飞机，所以难免有紧张感。那么，如何消除紧张心理呢？首先要主动地放松自己。其次，要降低自我关注的程度，转移注意力，一旦降低了自我关注程度，紧张感也就消失了。

另外，一些旅客会出现晕机情况。其实，晕机与晕车、晕船有相近的症状，如果晕机，旅客可以提前做好准备和预防。例如，可预先在换登机牌时向服务员说明，尽可能选择颠簸度较小的座舱中部。另外，在登记之前可以选择性地服用晕机药，这样也可以很好地预防。

与此同时，专家指出，一般来说，患有下列疾病的人不适宜乘飞机旅行。

（1）心血管病患者：即患有重度心力衰竭、心肌炎愈后1个月内、6周内曾发生心肌梗死，以及近期心绞痛频繁发作的人。

（2）呼吸道疾病患者：如严重的哮喘、开放性肺结核、肺气肿、胸腔手术后未满3周的病人。

（3）胃肠道疾病患者：如患有消化道溃疡伴有出血、食管静脉曲张、急性胃肠炎、腹部手术后未满2周者。

（4）五官疾病患者：如患有严重的中耳炎伴有耳咽管阻塞、严重的鼻窦炎伴有鼻腔通气障碍、眼科或耳鼻喉科手术后未满2周者。

（5）造血系统疾病患者：如患有重度贫血的病人。

（6）神经和精神病患者：如患有狂躁型精神病、癫痫频繁发作、脑血管意外病后2周内、颅内手术未满3周者。

（7）其他：传染病尚在隔离期内的患者。

如果乘客的体内安装了心脏起搏器，在接受安检的时候一定要提前向安检人员说明，避免过安检门，这样可以采取其他安检办法，否则就会影响心脏起搏器的作用。

发生空难怎么办

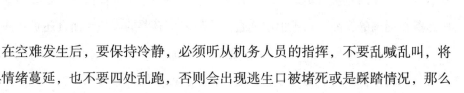

在空难发生后，要保持冷静，必须听从机务人员的指挥，不要乱喊乱叫，将恐惧情绪蔓延，也不要四处乱跑，否则会出现逃生口被堵死或是踩踏情况，那么逃生希望就会更加渺茫了。就算情况非常危急，也要做到有序逃生。通常在飞机起飞前，乘务人员就会给乘客讲解怎样逃生，安全出口在什么地方等，这时作为乘客，一定要注意听讲，把乘务人员的话记牢。突发紧急状况时，要从距离自己最近的安全出口处逃生。在逃生过程中要避开烟、火等。

不要就此认为飞机一坠毁就没有生存的希望了，有很多人都是在飞机坠毁后逃生的，所以要坚信自己能够活下去。在飞机坠毁以后，倘若出现烟和火，就证明乘客必须要在两分钟内进行逃离，时间非常短暂，所以要抓紧时间。要是飞机坠毁在海面上，这时乘客就要尽全力游着离开飞机残骸，游得越远越好，因为坠落后的飞机残骸，很有可能会发生爆炸，但也有可能沉入水底，在飞机沉入水底时残骸会带动海水形成一个漩涡，如果你离着很近的话很容易被吸进去。

如果飞机可以紧急迫降成功，正常情况下人们可以从滑梯撤离，在撤离时的姿势应该是手轻握拳头，将双手交叉抱臂或是双臂平举，然后再从舱内跳出来。落在梯内时，双腿和后脚跟要紧贴梯面，这时手臂的姿势保持不变，最后弯腰收腹直到滑落梯底，再迅速站起跑开。对于年龄尚小的儿童、或是年纪较大的老人与孕妇，也采取同样的姿势坐滑梯下飞机。对于抱着孩子的乘客，在落梯时一定要把孩子抱在怀中，注意要抱紧，然后坐着滑梯下飞机。身体有伤残情况的乘客，

就要有协助者一起坐滑梯离开。

不管是发生怎样的航空器飞行事故，都有可能对地面设施、公共安全、社会稳定、环境保护等造成不同程度的影响。这时地面人员也要采取一系列措施。

在知晓事故发生以后，必须要第一时间报告当地公安部门，并且报告内容要清晰，包括事故发生的时间与地点，以及所了解到的情况等，最后将报告者的姓名与联系方式交代清楚。同时，要在确保自身安全的情况下，尽量对事故中幸存的人及时进行救助，还要注意对事故的现场进行保护。

对于目击者来说，当你把报告及时上报以后，如果情况不允许你上前营救，就要等待专业的救援人员来，但是在这个过程中一定不要捡拾飞机残骸和空难后所遗撒在周围的物品。这不但给调查人员带来不必要的麻烦，而且还是一件不道德的事情。很多情况下，目击者都是能够帮助事故调查人员进行空难调查取证的，作为目击者来说，也有这个义务，这样，不仅能够给逝者的家属得到一个合理的解释，还能够让后人以前车为鉴，避免以后此类事故的发生。目击者可以通过讲述、照片和录像等资料来为调查人员提供帮助。

当然，每个人都不愿意空难发生在自己的身上，可是凡是都有个万一，逃避现实终究不是办法，人们要做的就是预知事情，并且要做到很好地预防，这样，即使真的发生空难了，也会有心理准备，并且做出相应的应对方法。

第一，不要和家人分开。当你和家人共同搭乘飞机出去旅行时，最好坐在一起，如果航空公司工作人员要把你们分开的话，在这方面可以不妥协。因为如果你们真的遇到空难了，你们坐在了机舱中的不同地方，那么在逃生的时候，家人们会本能地想要先聚到一起再共同逃生，这样一定会浪费很多时间，是非常危险的。空难不同于其他灾难，对于空难来说，时间极为宝贵，通常要精确到秒才可以，所以坐在一起能够让你们更快地逃离。

第二，学会快速又正确地解安全带。一定要知道的是，我们在车上所系的安全带和飞机座位上的安全带是不一样的，因此，在飞机起飞之前需要学会正确地系、解安全带的方法，如果遇到了紧急事件也不至于受到不必要的伤害。如果在飞机上出现了空难的话，在空难逃生的时候倘若你解不开安全带或是解开速度非常慢，那么逃生的时间就逐渐流逝了。

第三，清楚距离逃生口近的地方。通常情况下，空难幸存者在逃生时要走的平均距离大约为 7 排座位，因此，如果乘客要是能够选择在这个范围内的座位会更好一些。当然，不是每次购买机票的座位都会是你希望的位置，因为有很多客观原因的影响。但是不管你坐在哪里，都应该在落座后数一下自己的位置距离最近的两个逃生口到底有多远，这样在黑暗中摸索出口时心里也会有数。

第四，背朝飞行方向。如果你可以选择和飞行方向相反的方向的位置是很好的，这样的位置在发生空难时相对会更加安全一些。

第五，戴上防烟头罩。倘若飞机发生了空难，并引起了火苗，那么在飞机失事的瞬间，肯定会面对大火和烟雾，飞机失事后产生的烟雾里是含有毒气体的，如果过多吸入，能够导致中毒昏迷，吸入更多的话就能直接导致死亡。这时，为了防范这种事情的发生，乘客可以在旅行的时候准备一个防烟头罩，在出现危急情况时把它戴上。速度一定要快，要及时，这样能够为幸存提供机会。

第二章 居安思危——境外日常安全提醒

TIAN DUN AN FANG

近年来，随着国民到境外的机会增多，境外安全问题受到了越来越多的关注。境外安全问题比境内安全更为复杂，既包括传统方式易出现的安全问题，也包括许多难以预测的、影响范围较大的安全问题。这些安全问题以不同的表现形式存在着，对我国境外的公民造成一定的安全隐患，因此，当我们到境外出差或旅游时，务必要充分了解境外安全问题并时刻警惕，随时做好安全防范准备。

引例

2013年2月19日，德国黑森州警方接到一名中国女子的报警，称自己遭遇假警察蒙骗，随身携带的现金及信用卡不幸被骗走。

报警的女子系赴德国旅游的中国游客，28岁。女子向黑森州警察讲述道，18日晚上7时许，她在当地火车站附近遇到一名40岁左右的男子，男子亮出"证件"自称是警察，并要求例行检查其手提包。

不过，这位"警察"检查结束离去后，女游客却发现自己两张信用卡及200欧元现金不翼而飞。

据了解，德国近年来假警察诈骗游客的案件频频出现。在此提醒中国游客注意加强防范，提防上当受骗。

境外如何预防意外发生

当我们刚刚进入到一个陌生的国家时，由于不了解当地的特殊环境或生活方式，总是会有一些意想不到的事情发生。那么，当我们独自在境外时该如何预防一些意外事件的发生呢？

一，要遵守当地法律规定和当地风俗习惯。事先进行必要的预防接种，随身携带接种证明（黄皮本）。严禁携带毒品、国际禁运物品、受保护动植物制品等出境。如携带大额现金，必须按规定向海关申报。不要为陌生人携带行李或物品。携带的个人用药应注意适量，并备齐外文说明书（包括药品成分）、医生处方和购药发票，以免遇到不必要的麻烦。

二，抵达目的地国后，应及时到中国驻当地使、领馆办理有关登记手续，以便万一发生意外事件时，中国驻当地使、领馆能及时与您及家人取得联系。留学生应该一入境就在使馆或领事馆办理在学证明。使、领馆也有义务通知每一个留学生。完成学业回国之前，再在使、领馆办理留学毕业证明，对以后买汽车退税、应聘都有帮助。很多留学生没有办前一个证明，等到回国前去办后一个证明为时已晚，因为没有前者，使馆或领事馆不受理办理毕业证明。

三，了解驻在国火、警、急救等应急电话，以便在紧急情况下向当局求助。严格遵守交通规则，注意交通安全。注意防盗、防骗、防诈、防抢、防打等。

四，注意保管护照、重要文件、钱物及贵重物品等，最好将它们与其他行李分别搁放，以免被偷、被抢或遗失。将您的护照、签证、身份证复印备份，并将复印件连同几张护照相片与证件原件分开携带，以备急需。

　　五，在公共场合要表现平静，不要大声喧哗；出门随身少带摄像机、录音机等，尤其是夜间出外，以免被劫；不要随身携带大量现金，也不要在居住地存放大量现金；不要参与街上和公共汽车上别人的争吵；自己的汽车上不要在明处放贵重物品，如车胎被扎，下车修车时一定要先锁好车门；不要在黑暗处打车；在家里不要给陌生人开门；不要让陌生人搭乘你的车，不要和陌生人一起行走；在街上捡到东西要交警察处理，以防被敲诈、陷害；不要在黑市上换汇；文件、钱包、护照要分开放，不要放在易被利器划开的塑料袋中；建议安装防盗门、报警器；如警察检查你的护照等证件，你可先请他出示证件，记下他的警牌号、警车号；交罚款时不要当街交给警察，而要凭罚款单交到银行等指定地点。

留学生在境外的安全

对于每个留学生而言，无论是初到国外，或已有数年国外生活经验，都应在以下几个方面多加注意：

1. 生活方面

要加强日常生活中的安全防范意识，认真了解并严格遵守当地的法律、法规和生活习俗，严格遵守学校的各项制度，遵守交通规则。注意与当地居民保持良好关系，避免引起仇视和敌对情绪，不要与当地年轻人发生争执和冲突。要慎重选择自己的住处。大多数案例发生在校外，最安全的住所是学校，有专人管理，遇有意外事故，通常都有紧急通报系统。如果为了节约费用，选择几个人合租，最好找比较了解而又为人正派的人。年轻人合住，一定要彼此谦让，学会忍耐。不要为一点小事而争吵、动武。根据以往发生的入室抢劫事件的教训，最好不要租住由华裔提供的住房，更不要由留学人员完全分租一个单元或整个住房。在外留学人员需提高防盗防骗意识，注意了解合租房房东和室友的背景情况，不要图便宜与陌生人合住。如遇被骗或被盗，请速向当地警察局报案，并及时与中国驻当地使、领馆联系，寻求必要帮助。

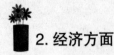

2. 经济方面

有的家长送子女出国，没有节制地供应钱财，满足子女的一切欲望。这并不是关心爱护他们的好做法，反而极其有害和危险。学生尚幼，很多人还没有学会自己管理自己，随心所欲地花钱，滥交朋友，会导致玩物丧志，荒废青春和学业，甚至堕落成罪犯。更可怕的是，太过露富、摆阔会被不法分子盯住，有可能招来杀身之祸。学生如果对外发生借贷关系，一定要履行规则和执行一些相应的手续，保留借据等重要物证。必须注意日常生活中自身安全、证件和财产的保护，不要随身携带大量现金，个人的贵重物品要妥善保管。

3. 女留学生的自我保护

在异国他乡的女留学生更容易被侵害。她们缺少自我保护意识，不懂得利用一切现有资源捍卫自己。女留学生对性的方面应当有正确的认识，要树立自尊自爱的传统美德。很多未成年的女留学生中发生坠胎事件，缺少健康卫生知识，不知如何处理。这样不仅耽误了青春和学业，而且给自己带来了严重的身心痛苦。要保持自己诚实、认真的品格，要珍视自己的名誉。时刻提高警惕，尽量避免单独居住和外出活动，特别是在晚上，一定不要去偏僻的地方。尽量减少出入酒吧、电影院、俱乐部等事件多发地区。即使是几人结伴，也应当远离那些是非之地。

4. 再三强调预防为主

孤身在海外求学的中国留学生，如果遇到了困难或合法权益受到了侵害，都会渴望得到中国政府的关心和帮助。中国外交部于2003年公布了《中国境外领事保护和服务指南》里面的一些内容，能帮助留学生及其家长更好地了解中国驻外使、领馆的领事保护和服务范围，能有效地帮助学生排忧解难。《服务指南》的内容一定要在出国前就认真阅读，把主要事项牢记在心。出国留学一定要通过正规和合法的渠道，不轻信非法中介的花言巧语。一到居住地立即与就近的中国驻该国使、领馆教育处取得联系，注册登记，并获得最新的有关信息。要保管好自己的重要证件和记录，包括护照、出境记录、保险和银行记录等，并放在安全可靠的地方。检查护照、签证是否有效，如需更新护照请立即到使、领馆办理。此外，应将存放家中或随身携带的主要资料双备份，以防万一。同时要保证汽车安全及行驶正常，并储备必要的食品和药品。这些事不预先做好准备，一旦出事就后悔莫及了。

5. 参加中国留学生联谊会

加人中国留学生联谊会，并且经常保持与最亲密可信的朋友之间的联系，是一个值得推荐的好办法。初到异国他乡，留学生们会遇到来自生活、学习等方面各种各样的难题，寻求中国学生组织的帮助，对解决你的难题和解救你遇到的危难也都会很有帮助。比如，你需要解决在哪里住、在哪里吃、怎样购物的问题。你还想办理图书证、想了解学校的教学设施、想参加课余活动、考虑怎样安排自己的作息时间。新学生可以到学校的学生中心或国际学生办公室，当然最方便的还是中国留学生联谊会。虽然同是学生，但"老"的要比"新"的熟悉更多情况。更重要的是有了他们的保护，你会得到更多的安全。

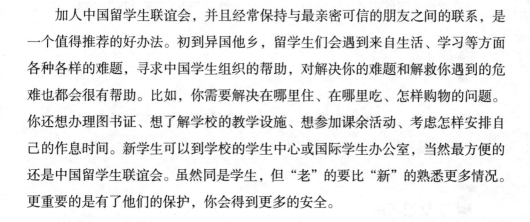

境外安全行为准则

无论你是到国外旅游，还是到国外出差，都须谨记以下安全行为准则：

1. 减少夜行

（1）远离偏僻街巷及黑暗地下道，夜间行走尤其要选择明亮的道路。

（2）尽量避免深夜独行，尤其要避免长时间的夜间独行。

2. 慎选场所

不去名声不好的酒吧、俱乐部、卡拉 OK 厅、台球厅、网吧等娱乐场所。

3. 慎对生人

（1）不搭陌生人的便车，不亲自为陌生人带路，不要求陌生人带路，不与不熟悉的人结伴同行。

（2）回避大街上主动为你服务的陌生人，不接受陌生人向你提供的食物、饮料。

4. 安全驾车

（1）夜晚停车应选择灯光明亮且有较多车辆往来的地方。

（2）走近停靠的汽车前，应环顾四周，观察是否有人藏匿，提早将车钥匙准备好，并在上车前检查车内情况，如无异常，快速上车。

（3）上车后要记得锁上车门，系上安全带。

（4）下车时勿将手包等物品留在车内明显位置，以防车窗被砸、物品被窃。

5. 配合警察

遇到当地警察拦截检查时，应立即停下，双手放在警察可以看到的地方，切忌试图逃跑或双手乱动。请警察出示证件明确其身份后，配合检查和接受询问。

6. 谨防勒索

如遭遇警察借检查之机敲诈勒索，应默记其证件号、警徽号、警车号等信息，并尽量明确证人，事后及时向当地政府主管部门和中国驻当地使领馆反映。

7. 结伴出行

最好结伴外出游玩、购物，赴外地、外出游泳、夜间行走、海中钓鱼、戏水时尤其要注意结伴而行。

8. 与众同坐

（1）乘坐公共交通工具时，尽量和众人或保安坐在一起，或坐在靠近司机的地方。

（2）不要独自坐在空旷车厢，也尽量不要坐在车后门人少的位置。

（3）尽量避免在偏僻的汽车站下车或候车。

9. 预防溺水

（1）选择有救生员监护的合格游泳场游泳，避免在野外随兴下水。

（2）独自驾船、筏要备齐救生设备，包括救生衣、呼救通信设备，并应尽量避免独自驾船、筏赴陌生水域。

（3）乘坐船、筏，要遵守水上安全规定，了解和掌握救生设备的使用方法，并听从安全人员的指挥。

境外居住要谨记

刚到国外，在没有亲朋好友的帮助下，如果你打算长期留在国外，要谨记以下行为准则：

1. 居住安全，合法租房

（1）了解当地房屋租售管理机关的名称、职能，按照相关指导租住房屋。

（2）租房应通过合法房屋中介，尽量选择在治安、环境条件较好的住宅区寻租，并签订完备的租住合同。

2. 慎选合租

（1）不与陌生人合租。

（2）与友人合租时应注意保护个人隐私，妥善保管个人证件，防止银行卡遗失、密码泄露。

3. 严防陷阱

（1）租房过程中注意留存相关广告、收据、合同等文件证据。

（2）警惕低价出租广告，勿因贪图廉价、方便而落入不法房主的圈套。

（3）当遭遇租房陷阱、被骗或被盗时，应及时向当地房屋租售管理部门投诉、向警方报案或采取进一步法律行动。

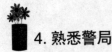

4. 熟悉警局

了解所在区域警署的位置、主管警官的姓名、报警电话或紧急求助电话，将有关信息记录做成随身携带的卡片备用。

5. 针对性防范

了解社区治安状况，根据当地突出问题或频发案件类型，采取相应的安全措施，也可以移租到治安情况较好的地区。

6. 居家提醒

（1）家里不要存放大额现金。即使家中有保险箱，也不要放置在客厅或门厅，以防不法分子从门口窥视到。

（2）应根据当地社会治安状况，选择安装相应的居室防盗、报警设施，保证居住安全。

（3）独自在家时要保持门窗关闭（上锁）。

（4）在楼房底层居住，尽量选择空调纳凉。

（5）养成就寝时确认水、电、燃气、门、窗关闭（上锁）的良好习惯。

7. 屋外安全

（1）夜间返家时应尽量乘电梯，不要走楼梯。

（2）应在到家之前提前准备好钥匙，不要在门口寻找。

（3）开门前注意是否有人跟踪或藏匿在住处附近的死角。若发现可疑现象，切勿进屋，应立刻通知警方。

（4）夜间送朋友回家时应等朋友平安进入家门后再离开。

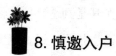

8. 慎邀入户

（1）不熟悉的朋友，不轻易带回家。

（2）不为陌生人开门，不让送报员、送奶工等服务人员进门。

（3）预约修理工上门服务，应选择在有亲友陪伴或告知邻居的情况下进行，不与外来人员谈论个人或家庭情况。

9. 及时求救

遇陌生人在门口纠缠并坚持要进入室内时，可在拒绝的同时打电话报警，或者到阳台、窗口高声呼喊，向邻居、行人求援。

10. 居家防火

（1）防止易燃气体泄漏引起火灾。使用煤气等可燃气体，室内应具备通风条件。发现漏气现象，切忌使用明火寻找漏源，也不要开灯、打电话，应迅速关闭阀门，打开门窗通风。

（2）防止用电不慎引发火灾。要经常检查家用电器线路、插座，线路老化、受损及插座接触不良均可能导致线路发热引发火灾。不超负荷用电，不用其他导线代替熔丝。

（3）防止烤火取暖引发火灾。不在家中存放大量易燃液体。烤火取暖避免使用汽油、煤油、酒精等易燃物引火。火炉及电暖器周围不堆放可燃物，不在蒸汽管道、取暖器材周围烘烤衣物。老人、小孩烤火取暖需有人监护。

11. 安全出口

进入建筑物时先观察安全出口（紧急通道）的位置，尤其是到达住地或下榻酒店时，应首先确认消防设施和安全出口位置，确认紧急通道是否畅通，以便紧急情况下自救和逃生。

12. 预防触电

（1）家用电器、电源设备等出现故障应寻求专业修理人员的帮助，避免自行带电维修。

（2）勿用湿手更换灯泡、灯管；勿用湿布、湿纸擦拭灯管、灯泡。

（3）发现有人触电，要立即切断电源。无法切断电源时，不能直接用手拉救，要用木棍使触电者和带电体脱离。

13. 居家防雷

（1）打雷时，应关闭电视机、电脑，更不能使用电视机的室外天线，因为雷电一旦击中电视天线，会沿电缆线传入室内，威胁电器和人身安全。

（2）雷雨天气，勿打手机或有线电话，应在雷电过后再拨打，以防雷电波沿通信信号入侵，造成人员伤亡。

（3）不要靠近窗户，或把头、手伸出户外，更不要用手触摸窗户的金属架，以防受到雷击。

14. 野外防雷

（1）若在路上、田野等处遇雷雨天气无处躲避时，最好的应急措施是迅速蹲下，使身体的位置越低越好，人体与地面接触面越小越好，离铁路钢轨、高压线越远越好。

（2）迅速关闭手机，不拨打或接听手机。

15. 医疗安全，购买保险

了解当地医疗制度、费用情况，结合自身身体情况制订适宜的医疗计划，选择购买适合的医疗保险。

16. 应急救治

了解附近药店、医院的具体位置，熟记当地的急救电话。并将医院地址、急救电话等信息记录在随身卡片上，以备不时之需。

17. 关注疫情

关注当地报纸、电视等新闻媒体，了解有无疫情爆发。

18. 饮食卫生

（1）在日常生活中注意饮食卫生，照顾好自己的身体。

（2）不吃不新鲜的食物和变质的食物，不吃陌生人给的食物，不吃捡拾的食物，不采摘非食用蘑菇和其他不认识的食物。

（3）注意食品保质期和保质方法。加工菜豆、豆浆等豆类食品时须充分加热。不吃发芽、发霉的土豆和花生。保持饮用水和厨房用水清洁，否则，应把水煮沸或进行消毒处理后再饮用。

19. 中毒救治

发生食物中毒，应立即停止食用可疑食品，赴医院寻求专业救治，或在专业人员的指导下，采取饮水、催吐、导泻等方法进行自救。

20. 抑制传染病

有效抑制传染病流行的关键在于切断传染病的传播链：控制传染源、切断传播途径、保护易感染人群。

21. 预防为先

（1）养成讲卫生习惯，注意个人卫生、食品安全、环境卫生。

（2）加强身体锻炼，提高免疫能力。

（3）按规定接种疫苗。对传染病人要早发现、早报告、早治疗、早隔离，防止交叉感染。

境外使用信用卡最方便

出国旅游携带外汇可以有多种方式，如现金、旅行支票、信用卡等等。花钱最方便当然还是现金，购物直接支付就是；旅行支票也比较方便，按照应当支付的费用，当场填写、签字即有效；但信用卡更加方便而且安全许多。有些人习惯于将一本旅行支票事先签好姓名，这使得使用旅行支票的风险变得更大。如果遗失，拣到的人经过简单处理就可以直接到银行兑换现金。

以往中国人较愿意带现金，国外一些城市的小偷，也知道了中国人这种习惯，于是针对中国人的偷盗远远高出其他国家的游客。

相比之下，信用卡消费是较为安全的一种方式。

免除兑换货币的麻烦，在商店买东西直接刷卡就行，这是信用卡带给人们的最便利的地方。但是信用卡消费也有一些有关手续费的问题需要我们了解。按照银行卡的规定，你如果在境外的有 PLUS 标志的提款机提取当地现钞，除了可能的汇兑损失之外，每笔消费还要抽 1% ~ 2% 作为国际清算手续费。而且提领当地现钞等于是用信用卡预借现金，每笔还要再抽 2% ~ 3.5% 的手续费。很多人都是在旅行结束后看到账单，才感到使用信用卡方便的同时，多付出的费用也会十分可观。

在选择信用卡的时候，从旅游角度考虑，国际通用性、国际网络的畅通是首要的要求。类似万事达卡、维萨卡等国际著名的信用卡，在国外商店使用都不成问题。其次应当考虑发卡银行所提供的功能和福利。在许多国家，信用卡作为旅游支付工具，附加的旅行平安保险和海外紧急救援协助起了很大的作用。凡是刷卡购买机票或交团费，银行都会请合作的保险公司提供一定金额的保障。这些保险的种类当中，除了人身意外保险外，还有行李遗失险、班机延误险等等，甚至会连劫机险都包括在内。目前我国业已有银行提供这样的刷卡消费免费保险，付费之前，我们需要向银行进行询问。

与信用卡相关的讯息，需要我们在出境旅游时随身携带。如果遇有意外，这些信息都相当有用：

（1）发卡银行的国内联系电话。

（2）国际信用卡组织的联系电话。以万事达卡为例，多数国家都有当地免付费的电话。

（3）前往国家的取款机地点。多数国际机场都有接受国际信用卡的取款机，也可上网查询。

（4）卡号和有效期限、英文姓名，最好抄在一张纸上和钱包分开放。

如果此行想要花较多钱，出国前也可打电话给发卡银行，告知自己出国刷卡意向，银行进行登记后，你在国外进行交易需要银行即时授权时会很顺畅。

当然信用卡的安全也是相对的。按照国际惯例，使用信用卡消费，是不需要使用密码的，商店的售货员只对照你在购物单上的签字和信用卡上的签字。如果你的信用卡丢失，你在信用卡上的中文签名可能并不会被外国的商店售货员去做认真核对的。

使用信用卡还有网上资料被偷窃的危险。2005 年 6 月，万事达公司就公开宣布，储存有大约 4000 万美国信用卡客户信息的电脑系统遭到一名黑客入侵，这些遭入侵的数据包括信用卡持有人姓名、银行和账号，信息资料可能被不法分子盗用。中国与此信用卡公司相关联的银行也随即发出警告，让中国的用户尽快去银行换领信用卡。

行李遗失怎么办

国外的机场中，通常是在办好了入境手续之后，才可以到行李转盘去找自己的行李。当满怀喜悦过了几道关终于在入境官将入境章盖在你的护照上后，来到行李转盘前，却到处找不到你的行李的时候，那种气恼和沮丧是可以想象的。

国际旅游中行李丢失的事情虽然很少发生，但也不时会遇到。你如果要想参加国际旅游，那就应该了解行李丢失后应该如何处理的方法，即使你一辈子都不会遇到此事。

当你在机场发现自己托运的行李被摔破，或者找不到自己的行李时，要立即持行李牌到机场行李部门进行查询。如确认丢失，需要马上在机场行李柜台办理行李挂失手续，按照要求，各国际机场都会有一整套的规则来处理此事。

其具体程序为：立即向机场（行李查询柜台）报失。办事员会按照规定代旅客填写《行李意外报告》。这份报告内容包括旅客姓名、乘坐航班、携带了几件行李等，并会用各式行李图片供旅客指认自己行李形状，全部填写完成后，工作人员会将资料输入电脑，通过行李查询网络，向前站寻找旅客遗失的行李。若超过21天行李仍未找回，则由末站的航空公司负责为旅客理赔。

根据国际航空协会规定：行李于国际运输过程中受到损害，应于损害发生7日内以书面形式向承运人提出索赔申诉。但多数航空公司希望乘客最好在机场就作出反应，否则事后还需要另外填写一份报告书，解释为何没有立刻发现行李毁损，并需要提供证明。

航空公司托运行李经常还会出现行李未能随乘客一起抵达的情况，通常航空公司会给乘客以适当的现金补偿，并负责在行李抵达后将行李送至乘客下榻的饭店。

行李破损时要请机场行李部门或航空公司代表开具书面证明，证明行李是因航空公司的原因受到损坏，以便日后与保险公司交涉赔偿。游客如果参加的是旅行社的团队旅游，还可以由旅行社向保险公司追偿。旅行社为每位游客所上的"旅行社责任险"，其中有对行李破损丢失进行赔偿的条款。

根据航空公司的"终站赔偿法则"，多次转机的旅客，由搭乘终站的航空公司负责理赔。赔偿的额度，根据国际航空协会规定托运行李之赔偿限额约为每磅9.7美元（每千克20美元），随身行李之赔偿限额为每位旅客400美元。

近几年，有关航运行李损毁的纠纷逐年增加，纠纷症结主要在于赔偿标准过低和声明价值限定额过低。

以往我国的一些航空公司，都有自己的一些规定，如中国东方航空公司、国际航空公司规定"托运行李全部或部分损坏、丢失，赔偿金额每千克不超过人民币50元"，"托运行李每千克价值超过人民币50元时，可办理行李的声明价值。每一旅客的行李声明价值最高限额为人民币8000元"。这些条款是依据《中国民用航空旅客行李国内运输规则》制定的，与国际相关规定多有不符。

2005年7月31日，国际民航组织1999年制定的《蒙特利尔公约》在我国正式生效，国际航空旅客伤亡赔偿限额在航空公司免责的情况下提升至约13.5万美元（折合人民币109万元）。另外，对于航班延误造成损失的，每名旅客赔偿限额为4150特别提款权（约5000美元）。行李赔偿方面，则不再按照重量计算损失，每名旅客以1000特别提款权（约1350美元）为限。该公约在举证责任上更加倾向于保护旅客，航空公司须承担严格的举证责任，消费者的利益得到了更好的保护。

为避免行李遗失及托运物品损坏，我们应当进行一点事先的预防。比如：选择购买的行李箱颜色最好能鲜亮一些或贴有鲜亮颜色的贴纸，行李牌上务必写上英文名字，这样行李就会比较容易在国际机场被寻获。在向机场提请行李找寻帮助的时候，对于行李的描述越详细越好。

行李若在托运当中损坏，旅客可于机场的行李柜台办理交涉。填写行李损坏报告后，航空公司通常会安排专人为旅客修行李，或由旅客自行送修，再将收据寄回航空公司，就可获得理赔。若损坏严重，完全无法修理，有些航空公司会理赔一只新皮箱，有些则以一年折旧 10% 的折旧率，根据行李的年份换算现金赔偿。根据国际航空公司规定：行李于国际运输过程中受到损害，应于损坏发生 7 日内以书面向运送人提出申诉。但一般情况下，旅客仍需要在机场就向航空公司报告，否则事后还需要另外填写一份解释为何没立刻发现行李毁坏的报告书。

境外遇到火灾怎么办

在进入所在国之后，一定要牢牢记住所在国的火警电话，并将电话号码填写在应急联系卡上，这样做的好处是，在遭遇火灾时可以迅速报警求救。

一旦不幸遭遇到火灾，在烟火中逃生，自己的身体一定要最大限度地放低，最好是沿着墙角匍匐前进，并用湿毛巾等捂住口鼻。

如果是三楼以下楼房逃生时，这种情况之下可以用绳子或床单、窗帘拴紧在门窗和阳台的构件上，顺势滑下，除此之外，结实的竹竿、室外牢固的排水管等也是可以利用的逃生工具。

一旦发现逃生路线被封锁，这时应在最短的时间内返回未着火的室内，用布条塞紧门缝，并向门上泼水降温。也可以向窗外抛扔沙发垫、枕头等软物或其他小物件发出求救信号。

如果火灾发生在公共聚集场所，那么这种情况下最重要的就是听从指挥，就近向安全出口方向分流疏散撤离，千万不要惊慌拥挤造成踩踏伤亡事件的发生。在人群中前行时，要和人群的方向保持一致，这时尽量不要超过他人，逆行更是不可取。若被推倒在地，首先应保持俯卧姿势，两手抱紧后脑，两肘支撑地面，胸部不要贴地，这样做的最大好处是可以防止被踏伤，一旦条件允许时迅速起身逃离。

如果是高层建筑发生火灾，应用湿棉被等物作掩护快速向楼下有序撤离。这时，烟气不浓，大火未烧及的楼梯、应急疏散通道是逃生时的首要选择。必要时也可以结绳自救，或者巧用地形，利用建筑物上附设的排水管、临近的楼梯等逃生。实在无路可逃，可以到室外阳台、楼顶平台等待救援。这时一定要记住的是，千万不能乘电梯逃生。

汽车发生火灾，应迅速逃离车身。如车上线路烧坏，车门无法开启，可就近自车窗下车。如车门已开启但被火焰封住，同时车窗因人多不易下去，可用衣服蒙住头部从车门处冲出去。

地铁发生火灾，应利用手机、车厢内紧急按钮报警，并利用车厢内干粉灭火器进行扑救。进行自救无法实现时，应听从指挥，有序地安全逃生。

除此之外，由于火场的能见度非常低，那么在这种情况之下，逃生的重要前提条件是保持镇静、不盲目行动。因供电系统随时会断电，乘坐电梯逃生的方法是不可取的。等待救援时应尽量在阳台、窗口等容易发现的地方等待。千万不要因为逃生不成功而轻易跳楼。

在国外怎么打电话

在国外，许多国家在街上、旅馆、机场、饭店、杂货店、火车站等地都有公用电话。公用电话有投硬币的，也有磁卡电话。这些电话无人看管。如打投币电话，一般是先拿下听筒，听到"嗡嗡"声后，按说明投入规定面值的硬币再拨号码，电话，即可自动接通。如线路不通挂上话筒，硬币自动退出，通话超过规定的时间会听到"嘟嘟"的短促声，需再投入规定的硬币，否则电话自动中断。若投入硬币超过规定，超过的硬币会自动退出。由于各国电话的设备结构不尽相同，因而使用方法上亦有些区别。有的是先拨号后投硬币，有的电话接通后需按一下电话机上的小钮，不然对方听不到声音。

另外，公用电话机旁一般备有电话号码簿或张贴在亭内的用户须知，里面对如何打电话都有具体说明。你要打电话最好先查看一下说明，忘记电话号码亦可以向查号台查询。打长途电话要看清楚哪种电话，了解如何用，有的可以自动拨号、自动计价收费，有的要通过总机电话员帮助接线。其收费标准是根据通话的距离、通话时间的长短及打电话时间（白天、晚上、节假日）而定的，大多数国家在下午5时至夜里11时打电话折价收费，周末及节假日打电话更便宜。在美国，对方付费的电话称"COLLECT"，打这种电话必须是熟人或对方特许。在日本打对方付费电话是先拨106，然后告诉接线员付款人的电话及自己的姓名、电话号，如果对方同意电话即可接通。

在澳大利亚的电话亭里打长途电话很方便，但要备好相当数量的硬币，只要按照规定投入所要的硬币就能拨号接通。如果需要延长通话时间，可根据所给的信号，不断地投入硬币，直到通完话。日本的电话根据区域不同及所用硬币不一样分为：蓝、黄、红、粉四种不同的颜色。另外与对方通话时，讲话要尽量符合外国的习惯，首先要自报姓名，不要第一句话说"喂！你是谁"，问话要有礼貌，说话要简练，意思表达要清楚。

世界主要地区的旅行安全

随着境外旅游热度不断上升，一些有着丰富文化历史和特色景点的国家很快成为了热门的旅游胜地。很多国家在习俗上有着不同的禁忌，热门旅游胜地也不例外，特别是旅游者数量骤增的同时，因文化风俗等原因造成的意外事故不在少数。旅游爱好者在挑选热门地点时应注意当地的风俗人情，避免旅游期间由此造成不必要的误会或伤害。

1. 到东南亚各国旅游的注意事项

东南亚地区包括文莱、柬埔寨、印尼、老挝、马来西亚、新加坡、泰国、缅甸和菲律宾等国家。到东南亚各国旅游需要注意以下几方面：

（1）经过污染的食物和饮用水所传染的疾病是旅行者最大的健康危害，所以，旅行时要尽量确保食物与饮水的安全。

（2）要防止蚊虫叮咬，服用预防性的抗疟疾药物。

（3）除了经过氯消毒的游泳池以外，不要在东南亚地区游泳。

（4）也可以提前注射疫苗，一般在出发前4～6周注射。

（5）如果要去的地方可能接触到血液，或与当地人有性接触，或居住时间在6个月以上，都应该注射乙型肝炎疫苗。

（6）如果旅行在4个星期以上，而且是到农村旅行，要小心脑炎，避免蚊虫叮咬。

（7）还要预防狂犬病与伤寒。

2. 到东亚各国旅游的注意事项

东亚地区包括日本、韩国、朝鲜、蒙古等国家。到东亚地区旅游，要注意以下几点：

（1）要注意饮食卫生，尽量避免蚊虫叮咬，出发前4～6周应该注射疫苗防止各种疾病。

（2）应该随身携带长袖上衣与长裤、驱虫剂、止泻药、可净化饮用水的碘药片、防晒乳液、墨镜、原有慢性病的处方药、帽子。

（3）经常用肥皂洗手。

（4）最好只喝包装水、煮沸过的水或者碳酸饮料，避免饮用自来水、喷泉水或是添加冰块。

（5）只吃煮过的食物或可以自己剥皮的水果。

（6）前往疟疾流行区，一定先找医生开好治疟疾的药物。在出发前1周开始吃，一直吃到离开该地区4周后为止。

（7）准备驱虫剂，固定每4个小时擦一次。

（8）最好穿着靴子，把长裤的裤脚塞到靴子里。

（9）保持足部干爽，不要赤脚行走。

（10）最好不要与动物玩耍，以避免鼠疫、狂犬病等严重的传染病。

（11）不要和他人共用针头。

3. 到北美各国旅游的注意事项

北美国家包括美国与加拿大，这两个国家公共卫生状况很好，一般情况下问题不大。但这一地区也有一些偶发的流行病，包括鼠疫与狂犬病，应注意预防。

在这一区域内旅行基本上是安全的，只需要注意避免受到环境的伤害，一般旅客不必做特别准备。

4. 到中美洲及加勒比海地区旅游的注意事项

中美洲国家包括伯利兹、哥斯达黎加、萨尔瓦多、危地马拉、洪都拉斯、墨西哥、尼加拉瓜和巴拿马等国家。加勒比海地区包括巴哈马、古巴、多米尼加等岛国。

到这些国家旅行，必须事前服用抗疟疾药物，尽量避免蚊虫叮咬。

5. 到东欧旅游的注意事项

东欧国家包括阿尔巴尼亚、波黑、保加利亚、捷克、罗马尼亚、斯洛伐克等国家。这一区域内某些国家还有疟疾流行，准备到这些国家旅游，事前应该请医生开抗疟疾药物服用。东欧各国曾流行白喉，进入东欧的旅客最好补打一剂减量的白喉疫苗。

6. 到西欧、南欧和北欧旅游的注意事项

西欧、南欧和北欧国家包括比利时、丹麦、挪威、芬兰、冰岛、安道尔、奥地利、法国、德国、瑞典、瑞士、英国、西班牙、葡萄牙、意大利、希腊等国家。这一区域内都是公共卫生良好的国家，危险性相对较小。在这一区域内只需要确保食物与饮用水的清洁。

在南欧旅行时，应该采取如下防护措施：

（1）经常用肥皂洗手。

（2）对于不确定是否清洁的食物绝对不食用。

（3）绝不食用未煮熟的食物或奶制品。

（4）旅程中搭乘交通工具，尽量系上安全带。

（5）使用保险套。

（6）绝不与他人共用针头。

（7）只喝煮沸的水或包装水。

（8）只吃煮熟的食物或要剥皮的蔬菜水果。

（9）准备充足的防蚊虫设施，穿长袖衬衫和长裤子。

（10）防止真菌与寄生虫感染，保持脚部干净干燥，绝不赤脚行走。

（11）不在小摊贩处购买食物，不喝他们自制的含冰块的饮料。

（12）不与动物接近。

7. 到非洲旅游的注意事项

北非国家包括阿尔及利亚、埃及、利比亚、摩洛哥、突尼斯等国家。在这些地方旅游，必须注意以下事项：

（1）注意饮食卫生，谨防腹泻和甲型肝炎。

（2）不要饮用消毒不完全的"新鲜羊奶"。

（3）需要注意预防霍乱。

（4）不要在埃及尼罗河水域游泳或跋涉。

（5）谨防蚊虫叮咬。

（6）注意旅游交通安全。

（7）防止脚气，保持双脚清洁干燥。

（8）预防被狗、蛇咬伤以及蝎子蜇伤。

南部非洲国家包括博茨瓦纳、纳米比亚、南非共和国、斯威士兰、津巴布韦、莱索托等。到这一区域旅游应该注意以下事项：

（1）这一区域仍有疟疾流行，前往这些国家，事前应该服用药物加以预防。

（2）必须避免蚊虫叮咬。

（3）千万不要在野外游泳。

东非国家包括埃塞俄比亚、肯尼亚、马达加斯加、马拉维、莫桑比克、卢旺达、索马里、坦桑尼亚、乌干达等。在这一区域旅游，应该注意以下几个问题：

（1）注射预防脑膜炎疫苗。

（2）事前准备好黄热病疫苗注射证明。

（3）事前服用药物预防疟疾。

西非国家包括布基纳法索、冈比亚、加纳、几内亚比绍、毛里塔尼亚、圣多美和普林西比、塞内加尔等。进入这一地区的旅客应该事先注射脑膜炎双球菌疫苗，准备好黄热病疫苗注射证明。

中非国家包括喀麦隆、安哥拉、中非共和国、刚果、加蓬、刚果民主共和国、赤道几内亚、苏丹、赞比亚。到这一地区旅游，事前准备好黄热病疫苗注射证明。进入刚果民主共和国一定要注射脑膜炎双球菌疫苗。

8. 到大洋洲旅游的注意事项

大洋洲国家包括澳大利亚、库克群岛、密克罗尼西亚联邦、斐济、关岛、马绍尔群岛、新西兰、巴布亚新几内亚、萨摩亚、所罗门群岛、汤加王国等国家（地区）。到这一区域旅游，要清楚以下三点：

（1）澳大利亚和新西兰是旅游环境相当安全的地方。

（2）到巴布亚新几内亚和所罗门群岛旅游时，事前应该服用药物预防疟疾。

（3）到这一区域旅游时还要避免蚊虫叮咬。

到南美洲旅行不可不防

如果你到南美洲只是旅游，只是为了了解那里古老而神秘的文化和原始而绮丽的自然风光，那么最好不要佩戴昂贵的首饰，因为这些首饰很可能会给你的旅行带来风险。但如果你是进行商务旅行，名贵的首饰、手表或其他贵重物品非戴不可，那么，你必须随时留意它们是否安全。不要炫耀和张扬，也不要携带这些东西东奔西走，在非必要的场合应该放在比较安全和隐蔽的地方，比如旅馆提供的保险柜中。

人群集中特别是外国游客相对集中的地方一般小偷小摸也比较多，这几乎是不需多说的通病，在南美洲也是如此。比如在巴西著名的海滩科帕卡巴纳，每年的狂欢节和新年都热闹非凡，灯火通明的海滩上人们尽情享受充满激情的欢乐，而一些小偷小摸之人也会在其中寻找他们的"目标"，如果有游客孤身在水边闲逛，就很可能被抢。这类事情告诫游客：不要在夜里单独行动，特别不要离开人群单独享受清净。应尽量地靠近人群，融入人群。

小偷小摸的情况在秘鲁也很盛行。那里的小偷经常割开游客的背包偷盗钱财或者相机之类的随身物品。有的还假借某公司或者某旅行社的名义对游客实施欺骗。因此，除了看好自己的随身物品以外，还要警惕那些无故与你搭讪的人。不要随便与陌生人交流。

另外，单独在夜间驾车出游也很危险，特别是在委内瑞拉的加拉加斯一带，由于那里的犯罪率很高，遭到抢劫或遭遇其他形式犯罪的可能性很大，要是汽车中途出了问题情况会更加糟糕。

在南美洲的一些地区如秘鲁还有恐怖组织活动，一般这些地区对游客都有警戒线，游客最好不要到这些地区游览。有些国家之间有边界纠纷，游客也要避免到那些存在纠纷的地区旅游，以避免引起不必要的麻烦，影响旅游的兴致。

人在旅途互相帮助是应该提倡的美德，但是如果你身处哥伦比亚，你的头脑中必须多一份警惕，如果有人让你帮他看行李或者拿行李，你千万不要好心帮忙，因为哥伦比亚是毒品走私盛行的国家，一不小心沾上与毒品有关的官司，那可不是小麻烦。

西班牙旅行要谨记

　　近年来，西班牙治安状况日益恶化，尤其是首都马德里和第二大城市巴塞罗那，犯罪率较高，抢劫、盗窃案频发，包括我国公民在内的亚裔旅游经商人士最易成为抢劫分子的目标。2003 年 1 ~ 9 月，因被抢到我驻西使馆领事部申请补办旅行证件的公民已超过 50 人。

　　犯罪分子大多为来自北非和拉美的移民，肤色棕黑，以团伙作案为主，作案地点多在市中心旅游景点、火车站和飞机场、地下通道和旅馆门口。他们的作案手段有如下几种：装扮成观光客，手中拿着地图问方向；装扮成便衣警察，搜查你的提包；告诉你衣服被沾污了并好心地提供协助；先蓄意戳破车胎后，于协助更换时趁机下手窃走行李；从背后用胳臂紧卡脖子或用沾有化学药水的手绢使人昏迷；扮成吉普赛人向你兜售鲜花和其他小物品。

　　鉴于上述情况，去西班牙旅行要注意：

　　1. 外出最好结伴而行，注意前后是否有形迹可疑人员；

　　2. 如无必要，外出时不要将护照和机票等带在身上；最好将护照、机票等复印，与正本分开存放，以便补办；

　　3. 外出不要携带大量现金，如必需带现金，应分散携带，以免所有现金一次被抢；

　　4. 尽量不背皮包、背包或腰包，可持普通塑料袋或购物袋携必要物品及茶水饮料等，如此较不易引起歹徒觊觎；

5. 如果你是单独旅游，搭乘车船请切记自身安全，勿接受陌生人给你的食物或饮料，如在卧铺车厢内，夜间应将车厢上锁并加挂门链，行李应捆好枕在头下，并将贵重财物随身分开存放于衣服内袋，不要放在同一个皮包或口袋内；

6. 如遇持械抢匪，一般不要反抗，以免危及生命安全；

7. 清晨、深夜或午餐时间（下午2点至4点左右），因警力相对减弱，是歹徒作案的有利时机，须特别注意防范。

倘若你不幸被抢或遭窃，请立即向警局报案并要求对方发给证明，以便向保险公司申请理赔及办理补发机票、护照及他国签证等事宜。旅行支票及信用卡遗失或被窃、抢时，应第一时间向发行银行或公司申报作废以防被盗领。

第三章

健康安全
——国外健康生活一览

TIAN DUN AN FANG

　　在国外最常见的疾病就是传染病，传染病对我们的危害是十分严重的。因此，当我们到境外出差或旅游时一定要掌握一些预防传染病的基本常识。另外，掌握一些国外生活的健康知识也是很必要的。本章就介绍关于这方面的健康常识。

据相关媒体介绍，截至 2013 年 6 月 7 日，广东检验检疫局在所辖口岸已连续成功发现和处置了 18 例输入性蚊媒传染病病例，较去年同期大幅增长 100%，其中登革热 9 例、恶性疟 9 例，多来自非洲和东南亚地区。仅 6 月 7 日当天，就在非洲某国入境旅客中发现 2 例输入性恶性疟病例。输入性病例多数为我国赴外劳务人员，其中多例患者来自国内偏远山区，当地医疗条件较差，诊断能力有限。

　　2002 年 7 月 30 日，中国国家质量监督检验检疫总局发布紧急公告：严防洪都拉斯登革热及登革出血热传入中国。公告说，据世界卫生组织 7 月 19 日的报告，截至 6 月 29 日，洪都拉斯共发现 3993 名登革热病人及 545 名登革出血热病人，其中有 8 人死亡。为防止洪都拉斯登革热传入中国，公告提出三点要求：一，来自洪都拉斯的旅客，如有发烧、头痛、肌肉痛、皮疹和面、颈、胸部潮红等症状，入境时应向出入境检验检疫机构申明；二，来自洪都拉斯的交通工具和集装箱等，入境时要实施灭蚊处理，入境时不得携带活蚊；三，前往洪都拉斯的旅行者，可向检验检疫机构或保健中心了解登革热及登革出血热的有关疫情和咨询灭蚊、防蚊等个人防护措施。

　　此前，我国有关部门已发出过数道类似的紧急公告。其实，威胁我国的境外传染病不止登革热一种。国家质检总局曾发布公告，要求防止在阿富汗首都喀布尔爆发的霍乱传入我国。质检总局警告说，来自阿富汗的旅客如有呕吐、腹泻等症状，在入境时应立即向出入境检验检疫机构申明；出入境检验检疫机构对来自阿富汗的交通工具、货物、邮包等要加强查验，必要时可依法实施消毒处理。

出境旅游健康知识

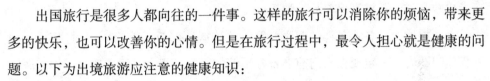

出国旅行是很多人都向往的一件事。这样的旅行可以消除你的烦恼，带来更多的快乐，也可以改善你的心情。但是在旅行过程中，最令人担心就是健康的问题。以下为出境旅游应注意的健康知识：

一，为避免各种传染疾病，旅游前可参考旅游地点的环境，于出发前注射必要的预防针，如：流感疫苗、A 型及 B 型肝炎疫苗、破伤风、白喉等疫苗，以及服用防疟药物等，以避免传染疾病。

二，旅游时应多补充水分，这样可以减少肠胃不适的几率；多喝水还能让皮肤水嫩嫩，拍照更美丽；飞机上多喝水，减少被传染病菌的几率；高血压、缺血性心脏病患者出游时尤需多补充水分，并应注重睡眠，随时注意血压。

三，长久乘坐飞机，抵达目的地后常会全身酸痛、下肢浮肿，可每隔一小时起身，做做简单的伸展操，并替小腿、颈部及腰背轻压按摩，减少久坐后酸痛与下肢浮肿等现象，并可预防静脉堵塞。特别提醒患有缺血性心脏病及高血压的患者，长时间坐在椅子上，易造成腿上血管栓塞，进而演变为肺栓塞而猝死，因此务必每隔一段时间起身走走。

四，每当飞机起降时，常会有耳鸣、耳痛、耳塞或晕眩感，可随身带一包口香糖，让嘴部咀嚼可减缓此现象，但如患有重感冒、慢性听力障碍或耳咽管功能不良患者，应于搭机前先找医师治疗，否则会加重不舒服的情况。

五，旅途中最怕吃坏肚子，影响体力破坏旅游情绪，"多洗手"是预防肠胃感染的小窍门，避免生饮生食可减少受感染的几率。

六，您在旅途中因为时差问题总觉得日夜颠倒吗？不妨在抵达目的地后晒晒太阳，这样可舒缓时差问题，人体的生理、时钟会随着太阳起降而自行调节，如果这样还是让您无法入眠，可以服用少量安眠药辅助入眠。

七，出门旅游难免要多多走路，因此让自己有充足的睡眠是很重要的，尤其是心血管疾病患者，务必要有充足的睡眠与良好的饮食，以避免血压突然升高的问题。在环境的改变下，充分的睡眠可减少皮肤长痘痘及出现黑眼圈的几率。如果您实在走到腿酸脚痛，建议可浸泡热水、按摩以舒缓酸痛。

八，旅途中因为环境及生活作息的改变，皮肤也会有相应变化。皮肤是第一个人体警报器，如果到气候湿热的国家，应做好防晒措施，到寒冷的国度，则应注意皮肤冻伤，并提高保养品的油质。

九，旅途中有各式各样的健康问题，尤其本身有心血管疾病、慢性病或过敏等身体问题者，一定要在出门前准备好足够的药物，患者可凭机票复印件向医师预拿最多2个月的药物随身携带，出国前最好找医师谈一谈，做好预防措施。而原本有筋骨方面疾病的患者，应准备内服及外用药，并准备护膝等复健用品。

十，出国旅游前可先取得旅游当地的气候、环境卫生及疫情资料，可上网查询，并应携带一些常备药物，如：晕车药、抗过敏药、感冒药、肠胃药、消毒水、皮肤保养品等。充足的准备，才有健康的保障。

出境前要接种疫苗

出境前，要进行免疫接种，并携带"国际预防接种证明书"，需要接种甲型肝炎、乙型肝炎、黄热病、疟疾等疫苗。

1. 甲型肝炎

甲型肝炎主要通过食物、水以及与人的接触传染。卫生条件比较差的非洲、东南亚以及中南美洲，这种肝脏疾病的发生率相对较高。

甲型肝炎疫苗的注射：

（1）20岁以下的人，直接注射疫苗。

（2）20岁以上的人，先抽血检验有无抗体，没有抗体的话再注射疫苗。

（3）采用肌内注射，一共需要接种3针，第一针1个月后接种第二针，第二针6个月后接种第三针。

2. 乙型肝炎

乙型肝炎是由乙型病毒引起的，常通过性交、血液、唾液等途径传染。

乙型肝炎疫苗的注射：

（1）接种3针。第一针注射1个月后接种第二针，第二针6个月后接种第三针。感染机率大的可在第一针注射12个月后注射第四针。

（2）采用肌肉注射。新生儿和婴儿注射大腿前部，成人注射在三角肌上，有严重出血倾向的注射皮下。

3. 黄热病

黄热病是一种由过滤性病毒引发的传染病。病情严重的话，会引发肾、肝病变和出血，甚至导致死亡。非洲、中南美洲和东南亚地区是其主要发生地。避免蚊虫叮咬是最主要的预防措施。

注射黄热病疫苗的注意事项：

（1）疫苗的接种必须在指定的防疫中心。

（2）在启程前 10 天注射疫苗，一次注射可免疫 10 年。

（3）对鸡蛋过敏的人和孕妇不得接种。

4. 疟疾

疟疾是由疱疾虫引起的，蚊子是疟疾的主要传播者。疟原虫通过蚊子的叮咬传入人体，损毁人的肝细胞和红细胞，最终可能导致人的死亡。现在所用的疫苗只有一定的效力，真正供临床使用的疫苗目前还没有研制出来，因此，对疟疾的预防就显得至关重要了。

预防的关键是防止蚊虫叮咬。在流行疟疾的地区，可使用杀蚊剂灭蚊或使用纱门、纱窗和蚊帐，穿长衣长裤，并在身上涂抹驱蚊剂。

科学饮水预防疾病

境外一些国家的环境很差，病毒很多，因此，要想在境外不被疾病所缠绕，最好的办法就是科学饮水。

水是人体不可缺少的。当人们遇到炎热气候或从事剧烈运动，体内水分就变成汗液大量散发掉，使体温不致增高。水还直接参加人体内的渗透压、电解质和酸碱平衡调节，使体内各种物质不至于紊乱，各组织的功能不致发生障碍。

水又可以保持肌肉的弹性，皮肤的柔软和光滑。人体各个关节内有一种很滑润的关节液，能促使人活动自如。如果没有水，手指将是垂直的，腿也不能弯曲，甚至连眼睛也不能闭合。

皮肤失水会引起干裂；内脏缺水，较轻时头昏乏力，体温升高，较重时会发生昏厥甚至危及生命。医学认为，失水 2% 就会影响心脏活动；失水 10% 就会出现新陈代谢的紊乱，导致严重的症状；失水超过 25% 就会引起死亡。

水是如此之重要，但在日常生活中，人们却常常存在如下不良饮水习惯。

1. 渴了再饮

通常，人们饮水是根据是否口渴而定的。实际上，人感到口渴时，机体内的水分平衡已经被破坏，人体细胞开始脱水，所以中枢神经发出要补充水分的信号，使人口渴。因此，我们应养成定时饮水的习惯，及时补充体液的丢失。

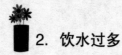

2. 饮水过多

人体内的水必须维持相对的稳定，人体细胞膜为半透膜，水可以自由渗透，饮水过多可使水渗入细胞内，引起细胞肿胀，发生水中毒，脑细胞水肿则会使颅内压升高，使人出现神经症状，如头痛、呕吐、疲乏、视力模糊、嗜睡、呼吸减慢、心率减慢、昏迷、抽搐等。

3. 大量出汗后立即饮水

出汗较多的情况下不能一次性饮水过多，否则会增加心脏负担，出现心慌、气短、出虚汗等现象。大量出汗会使身体损失不少盐分，如果再大量饮水则稀释血液中的盐分并增加出汗量，汗水则又要带走盐分，结果人总会觉得口渴。大量出汗时人体胃肠道血管处于收缩状态，吸收能力差，大量饮水易在胃肠道里积聚，使人感到闷胀，并会引起消化不良。因此，大量出汗后不宜饮水过多，应先用水漱口后再喝一点淡盐开水，过一段时间后才能增加饮水量。

4. 大量出汗时单纯饮用白开水

炎夏气温高，湿度大，易引起体内缺水。此时单纯饮用大量白开水对身体无益，因为水分无法在组织和细胞内停留，会随汗液排出体外，相应又要带走体内的一部分盐，口渴更严重。严重时还会出现乏力、恶心、不思饮食等症状。一次大量饮用白开水后，还会使胃肠道负担加重，出现闷胀感。大量水分进入血液，血容量增加，心脏负担加重，容易出现心慌、疲乏、食欲不振等症状，因此在防暑饮料中适量加入食盐，口渴时饮用这种含盐饮料既能解渴又对身体无害。

5. 饮生水

很多人都有饮用生水的习惯。虽然饮用生水也能止渴，但会给健康带来不少隐患。未经煮沸的井水、沟渠水和自来水中都或多或少地含有致病菌和寄生虫，所以，饮用生水可能会引起肠炎、肝炎、痢疾、伤寒、霍乱，以及血吸虫、钩端螺旋体病等传染病。

6. 饮过热的白开水

有些人认为饮用热开水解渴，其实，经常饮用过热的水，会使口腔、食管和胃黏膜发生炎症。

7. 打嗝时饮水

相信很多人都有过这样的经历：自己打嗝不断，喝点热开水可以使打嗝停止。事实上，这种做法是不对的。因为，从解剖位置上看，气管在食管前面，两者均上通咽喉，吞咽时整个喉室上升，气管出口正好被会厌软骨盖住，吃进的水或食物就能顺利地进入食管；而当人们呼吸时，空气要出入气管，喉室就下降，气管口开放。打嗝通常难以控制，气管口必须开放，让空气出入，此时饮水则会使喉室的升降难以自主，饮进口腔的水势必会溜进气管而引起反射性咳呛，故打嗝时忌用饮水的方法来止嗝。

8. 睡前过多饮水

睡前饮用水过多，尤其是那些嗜好饮茶的人，会使大脑皮质兴奋，难以入眠。因此，睡前不要大量饮水。

9. 饭后立即饮水

很多人都有饭后一杯水的习惯，这是不科学的。饭后饮水会冲淡胃液，影响食物的消化吸收。因此，饭后不宜立即饮水，至少要饭后半小时以后才能饮水。

境外出差或旅游更要避免不良饮水习惯，要科学饮水，预防疾病的发生。

传染病有哪些表现

在现代社会，传染病被认为是人类健康的最主要杀手之一。我们通常所说的传染病，是指由各种病原体所引起的一组具有传染性的疾病。病原体通过一定的途径或方式在人群中传播，从而造成传染病流行，严重危害人类的生产生活。了解并掌握传染病的基本特征，对身处异国的我们预防和治疗传染病是至关重要的。一般来说，传染病有以下五个基本特征：

一，有病原体。每一种传染病都有其特异的病原体，包括微生物，例如病毒、细菌、真菌、衣原体、支原体、螺旋体等和寄生虫（如蠕虫、原虫等）。比如猩红热的病原体是溶血性链球菌，水痘的病原体是水痘病毒。

二，有传染性。病原体从宿主排出体外，通过某种途径和方式，传染给另一个人，从而表现出一定的传染性。其传染强度与病原体种类、数量、毒力、易感者的免疫状态等密切相关。值得注意的是，每种传染病的传染期都是比较固定的。

三，有流行病学特征。受自然因素和社会因素等各种因素的影响，传染病在传播的过程中往往表现出多方面的流行特征，即流行性、地方性、季节性。

1. 流行性：按传染病流行过程的强度和广度分为散发（是指传染病在人群中散在发生）、流行（是指某一地区或某一单位，在某一时期内，某种传染病的发病率，超过了历年同期的发病水平）、大流行（指某种传染病在一个短时期内迅速传播、蔓延，超过了一般的流行强度）、爆发（指某一局部地区或单位，在短期内突然出现众多的同一种疾病的病人）。

2. 地方性：指某些传染病或寄生虫病，其中间宿主，受地理条件、气候条件变化的影响，通常只是在一定的地理范围内发生。如自然疫源性疾病、虫媒传染病。

3.季节性：指传染病的发病率，在年度内有季节性升高，与温度、湿度的改变有很大的联系。

四，有免疫性。免疫通常指的是传染病痊愈后，人体对同一种传染病病原体产生不感受性。传染病不同，那么病后免疫状态也有所不同，有的传染病患病一次后可终身免疫，有的还可感染，分为再感染、重复感染、复发等几种情况。

五，可预防。通过控制传染源，切断传染途径，增强人的抵抗力等措施，就可达到有效预防传染病的发生和流行的目的。

小心染上登革热

登革热是一种古老的疾病，从发现至今已有 200 多年的历史。1779 年，在印尼雅加达出现了一种怪病，患者浑身骨头及关节剧烈疼痛，高热不退。当时，人们把这种疾病称之为"关节热"。1780 年，美国费城以北也发生了这种疾病，被称为断骨热。最后在 1869 年，伦敦皇家内科学院将这一疾病定名为登革热（"登革"在英语中是"不明原因"的意思）。自从发现登革热以来，这种疾病在世界上的流行就没有间断过。

新中国成立前，登革热曾多次波及我国东南大部分地区，新中国成立后登革热也曾在我国多次"肆虐"。1952 年，厦门市禾山镇一带暴发登革热，当地半数以上人口感染；1978 年及 1980 年，登革热在广东佛山、海南"卷土重来"，随后波及广西；1985 ~ 1986 年，海南出现登革热暴发流行；1999 年，登革热再次在福建流行。1981 年，在台湾销声匿迹 36 年的登革热又在屏东县流行，1988 年从南至北波及全岛。

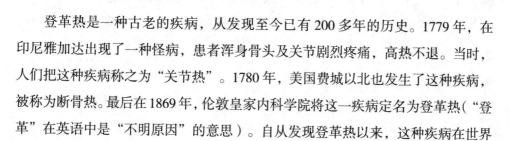

登革热不会由病人直接传染给其他人，伊蚊是传播登革热的"祸首"。伊蚊中小体型、黑色、有银白色斑纹，所以老百姓也常把它们称为"花斑蚊"。登革热病毒存在于病人或隐性感染者的血液中。伊蚊只要与有传染性的液体接触一次，即可获得感染。吸吮病人血液后病毒即在蚊体内的唾液腺及神经细胞中大量复制，2 周后即能传播本病。伊蚊感染登革热病毒后不但可终生携带和传播病毒，并可经卵将病毒传给后代，通过蚊卵带病毒过冬，使登革热不断传播。具有传染性的伊蚊叮咬人体时，即将病毒传播给人。登革热发病季节与雨量相关，在气温高而潮湿的热带地区，蚊媒常年繁殖，全年均可发病。我国广东、广西的 5 ~ 10 月份，海南的 3 ~ 10 月份为登革热高发时间。

登革热的流行表现出两种不同的类型：一是地方性流行，在某些地方常年有病人发生，且雨季时流行多，年幼病人多。二是输入性流行，在这些地区有传播登革热的蚊种，平时无病例发生，仅在有像"越南新娘"那样的传入病例时，才可引起登革热发生或流行，我国就属于这类地区。

登革热的病原体是一种虫媒病毒。这种病毒侵入人体后真像古人形容的那样，好似"邪魔"突然来临，钻进人骨。它的潜伏期一般为 5 ~ 10 天，发病前无明显征兆，突然发热，体温迅速升高至 39℃以上，同时也会让人感受到"刻骨铭心"的痛苦。病人头痛、腰痛、全身肌肉酸痛，尤其骨、关节疼痛剧烈，似骨折样或碎骨样，严重者影响活动，但外观无红肿。病人还会出现食欲下降、恶心、呕吐、腹痛、腹泻，还可发生淋巴结肿大；疾病早期脉搏加快，后期变缓，严重者疲乏无力呈衰竭状态。

对于登革热疾病，目前还没有一种有效的疫苗来预防，也没有特效药能杀死登革热病毒，治疗主要靠对症处理，如果我们常去国外的话，对登革热的预防主要是要靠战胜伊蚊。要战胜伊蚊，首先要摸清伊蚊的习性。伊蚊和一般的蚊子不同，它有白天吸血的习惯。它吸血时常不是一次吸饱，而是东叮一下、西叮一下地间断吸血，这样就增加了传播疾病的危险。伊蚊还有一个习性，就是爱在小的积水中滋生，如室内盆罐、花瓶、厨房及浴室的积水里，室外的坑洼、树穴、树洞、竹筒和叶腋等积水处，都是它繁衍滋生的温床。因此，搞好居住或暂住地的环境卫生，要翻缸倒罐，清除积水，填平洼地，就连空调滴下的水也要及时清除。不给蚊子提供孳生的场所，是预防登革热的重要办法。

威胁人类的艾滋病

艾滋病即获得性免疫缺陷综合征。这是一种传播迅速、病情凶险、预后恶劣、危害严重的病毒性传染病。自 1981 年美国报告第 1 例艾滋病以来，其发病人数在世界各国迅猛增加，引起了全世界的普遍关注。尽管投入大量的人力、物力对艾滋病进行了深入的研究，但是迄今仍然是既没有疫苗进行特异性预防，也没有可以治愈的特效药物。艾滋病的肆虐，已构成对人类的严重威胁。

自 1981 年艾滋病被发现以来，目前全世界有 HIV 感染者近 5000 万。感染上 HIV 至发病的间隔时间称为潜伏期，潜伏期有长有短，从 6 个月至 5 年，平均为 4.5 年，发病 1 年的病死率为 50%，3 年为 90%。

目前，感染者和病人分布在世界五大洲的 180 多个国家和地区。

现在已从 HIV 感染者的血液、精液、阴道分泌物、乳汁和唾液中分离到 HIV。但流行病学调查证明主要是血液、精液和阴道分泌物含有大量的病毒。现已证明艾滋病传播主要通过以下途径：第一，性接触传播。异性及男性同性恋通过性接触，HIV 便可从男性传给女性、从女性传给男性或从男性传给男性。在美国，初期发现 90% 以上的艾滋病患者为男性同性恋者。当前异性间的传播却日益严重。非洲某些地区妓女的感染率为 81%，嫖客为 28%，其他人群为 5%。亚洲某些地区的妓女感染率 30% ～ 40%，其中 15 ～ 19 岁的少女感染者占女性感染者的 50%。第二，以血液为媒介（包括静脉注射海洛因）的传播途径。静脉注射药物者共用注射器，输血以及血制品（特别是浓缩第 11 因子），手术、外伤、拔牙、注射、针灸、理发、美容等，如果伤口被含有 HIV 的血液或器械污染都有可能感染 HIV。第三，母婴垂直传播。在孕期感染 HIV 的母亲可通过胎盘脐带感染胎儿，在生产时可通过血液及阴道分泌物感染新生儿，哺乳期通过乳汁使婴幼儿感染，其婴儿感染率为 30%～50%。

那么，在境外如何对艾滋病进行治疗和预防呢？

1. 治疗艾滋病

艾滋病是一种预后极差的传染病，目前还没有治愈的疗法。以下的药物常用于临床治疗，但疗效尚不能肯定。

（1）HIV 拮抗剂叠氮胸腺嘧啶核苷（胸苷：AZT）是一种强力的阻碍剂，有改善临床症状，提高免疫功能的作用。美、英、日等国已允许出售。另有 2，3- 双脱氧核苷类衍生物（2，3- 双脱氧胞嘧啶核苷）优越于 AZT，作为抗 HTV 的药物在日本已用于临床。

（2）免疫增强剂和免疫增强处置可用 7- 干扰素、白细胞介素 -2 作为免疫增强剂。转移因子、骨髓移植、胸腺移植等作为增强免疫的处置。如果能早期发现 HIV 感染，在免疫不全进一步发展之前，联合使用 HIV 拮抗剂和免疫增强剂或许是预防 HIV 感染者发展成艾滋病人有希望的方法。

2. 预防艾滋病

艾滋病虽然是一种危险的传染病，目前还没有有效的疫苗进行特异性预防，但却可以预防被 HIV 感染，主要预防措施包括：

（1）积极开展宣传教育，让群众特别是那些涉外饭店、宾馆、医院的员工和有出国任务的中国公民（包括留学人员，劳务人员）尽可能地了解掌握预防艾滋病的知识，力争把感染艾滋病的危险性减少到最低限度。

（2）加强出入境检验检疫，通过对出入境人员、生物制品和废旧物品的卫生检疫，及时发现 HIV 的感染（或污染）者，以便妥善处理，使他们的传染源作用降到最低限度。

（3）切断传播途径：避免不安全的性行为，禁止性乱交，取缔娼妓。严格筛选供血人员，严格检查血液制品，推广一次性注射器的使用。严禁注射毒品，尤其是共用针具注射毒品。不共用牙具或剃须刀。不到非正规医院进行检查及治疗。

不容忽视的梅毒

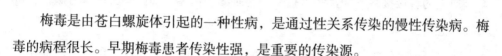

梅毒是由苍白螺旋体引起的一种性病，是通过性关系传染的慢性传染病。梅毒的病程很长。早期梅毒患者传染性强，是重要的传染源。

梅毒始发于北美洲，1505年从印度传入中国。梅毒患者是梅毒的主要传染源，梅毒主要有以下特点：

（1）慢性病程。梅毒是一种慢性传染病。从感染到发展为三期梅毒要经过3～5年的时间。晚期梅毒侵犯重要脏器，累及终生。

（2）患病周期长。如不治疗虽然有一部分梅毒由于免疫力的增强可自愈，但许多患者可累及终生。

（3）早期病人传染性大。一期患者的硬下疳中有梅毒螺旋体，二期梅毒患者的皮损、血液、精液中也有大量梅毒螺旋体，是梅毒的重要传染源，晚期梅毒传染源性相对较小。

（4）性传播为主要途径。性传播占95%以上，且易并发其他性病。可追踪性关系找到传染源和高危人群。这样可以把监测重点集中到那些性关系混乱的行业和人群。

（5）流行范围广。20世纪初梅毒曾在全世界广泛流行。由于出现了青霉素，梅毒的流行受到了控制。但在一些国家，发病率仍较高。

（6）无终生免疫力。即使在二期时治愈的患者，或由于身体免疫能力强而自愈的患者，经过不长的时间，仍有再感染梅毒的可能。

（7）无临床症状的潜伏。梅毒由于机体抵抗力增强或治疗的影响，梅毒症状可暂时消退。早期潜伏梅毒仍有很大的传染性，对患者本人、性伴及医生均易造成治愈的错觉，这也是一个重要的传染原因。

（8）可胎传感染和经产道感染胎儿。胎传梅毒为先天性，产道感染梅毒为后天性。在3岁之内均有较强的传染性。3岁以后相当于晚期梅毒，传染性逐渐减弱。

梅毒主要通过以下途径进行传播：

（1）性传播。梅毒主要通过性交传播（占95%），梅毒螺旋体经生殖器皮肤粘膜侵入。如果是同性恋或者变态性交，可经肛门或口腔侵入。

（2）直接接触。传染一、二期患者的皮损和分泌物中有大量病原体，通过与健康人的直接接触（如接吻、授乳、握手等）传播，如健康人皮肤有破损，可传染给健康人。

（3）间接接触。如接触患者的衣物、被褥、用具、玩具、食具、便器，由于这些物品被患者皮损分泌物，阴道、尿道分泌物污染，如皮肤、黏膜有破损，接触了这些物品，也可造成感染。但这样的机率很小。

（4）血源传染。输入二期梅毒患者的血可直接引起二期梅毒。一、三期梅毒患者的血液传染相对减少，但也不是绝对安全的，不宜用于输血。

（5）医源性传染。通过污染了的螺旋体的诊断、治疗用品和手术、注射器械均可引起间接传播，但机率极小。

（6）经胎盘传染。患梅毒妇女（特别是二期梅毒）可通过胎盘传染给胎儿。

（7）产道传染。胎儿通过产道常有皮肤擦伤，梅毒螺旋体经擦伤部位可感染新生儿。

梅毒的治疗和预防措施有：

（1）治疗梅毒的治疗方法很多，方便有效的首推苄星青霉素G疗法。

感染二年内的患者，成人为苄星青霉素G240万U，儿童为5万U/千克体重，最高不能超过成人剂量，臀部两侧各肌注1/2剂量，每周一次，共2～3次。

感染两年以上或病期不明的患者同上剂量，每周一次，共三次。

青霉素疗法要做皮试。过敏者可在医师指导下改用红霉素、四环素或强力霉素疗法，必要时可脱敏治疗，治疗后应观察2～3年，如一切正常，方可认为治愈。

（2）只要洁身自好，不乱发生性行为就消除了 95% 的感染可能性。要做到这点需开展精神文明、性生理、性卫生和性病的知识宣传。在国外，别人用过的宿具、盥洗用具要消毒后使用。与已知梅毒患者交往要注意消毒隔离。需要求医、住院时要找条件好的医院。作为医务人员要加强防护和消毒。不和高危人物（如妓女、按摩女）及已知梅毒患者发生性关系。使用避孕套也是有效措施。患了梅毒要找可靠的医生及时治疗，以免损害健康、传染他人和祸及下一代。

如何预防狂犬病

狂犬病是一种人、兽（畜）共患的死亡率极高的传染病，多由携带狂犬病病毒的犬、狼、猫、鼠等肉食动物咬伤或抓伤而感染。临床表现为特有的狂躁、恐惧不安、怕风恐水、流涎和咽肌痉挛，终至发生瘫痪而危及生命。已感染狂犬病毒未发病的动物同样能使人发生狂犬病。

人得狂犬病绝大多数是由带狂犬病毒的动物咬伤（抓伤）而感染发病。潜伏期短则10天，长则2年或更长，一般为31～60天，15%发生在3个月以后，视被咬部位距离中枢神经系统的远近和咬伤程度或感染病毒的剂量而异。

狂犬病往往有一个短的前驱期，约1～4天，表现为中度发热、不适、食欲消失、头痛、恶心等；然后进入神经系统的症状期，约2～20天，出现应激性增高，胸部压迫感、胸痛及气流恐怖症，即用风吹面部时会引起咽喉部肌肉痉挛，这是一种典型的症状，有助于诊断。伤口部位有疼痛或各种异样的感觉，有的病人伴有对光、噪声和感觉刺激的应激性增高，通常表现为肌张力增高和面部肌肉痉挛。交感神经系统病损后出现多汗、流涎、狂躁行为、焦虑、痉挛性痛性肌肉收缩，在吞咽时，咽喉等部位的肌肉痉挛而怕饮水，故又称恐水症。

在症状出现后的14天内，病人往往在痉挛后出现继发性呼吸系统和心脏衰竭，昏迷从而死亡。狂犬病有疫苗可供预防，但无特异的有效治疗，发病后90%以上病人都会死亡，因此做好预防至关重要。尤其是当我们在国外旅游或居住时，常常会和野生动物打交道，所以更要做好狂犬病的预防工作。

那么，我们该如何治疗与预防狂犬病呢?

（1）洗。被咬的伤口尽快用 20% 的肥皂水或 0.1% 的苯扎溴铵反复冲洗，一般要在半小时左右，然后再用清水冲洗，把含病毒的唾液、血水冲掉。

（2）挤。能挤压的地方，便冲水边往伤口外挤，不让病毒吸收到人体内。

（3）消毒。冲完后，马上用 75% 的酒精或碘酒擦伤口内外，尽可能杀死狂犬病毒。

（4）注射抗体。注射抗狂犬病毒的免疫球蛋白或血清，总剂量控制在每千克体重 40 个国际单位，如果是头、颈、手被咬，特别当面积大而深时，则要连续 5 天肌肉或静脉注射抗体。

（5）注射狂犬病疫苗。被咬后，尽快注射狂犬病疫苗，越早开始效果越好，并且于第 3、7、14 及 30 天时，分别注射 2 毫升地鼠肾细胞疫苗。严重咬伤者则开始为每日 1 针，打 6 针，再继续完成 10 针狂犬病疫苗注射。

预防病毒性肝炎

病毒性肝炎的危害是不言而喻的。它是由多种病毒引起的以肝脏病变为主的全身性疾病。传染性强，传播途径复杂是其最主要的特点。

在医学上，病毒性肝炎根据感染的病毒不同，可分为甲、乙、丙、丁、戊五种。甲型、戊型肝炎属肠道传染病，一般通过饮食传播。毛蚶、泥蚶、牡蛎、螃蟹等均可成为甲肝病毒携带物。乙型、丙型、丁型肝炎可通过血液、体液和密切接触等多种途径传播。感染了肝炎病毒后体内能产生相应抗体，对身体的健康有一定的保护作用，但各型之间往往没有交叉免疫性。以下着重介绍一下较为常见的甲肝和乙肝：

1. 甲型病毒性肝炎

甲型病毒性肝炎的发作不分时间、季节，一年四季均可发作。在我国北方以秋、冬季节为发病高峰。

（1）传播途径

甲型病毒性肝炎的传播源为病人和无症状的隐性感染者。甲型肝炎病毒随患者粪便排出体外，污染了水源、食物和环境，再通过手、食物、水等途径传染给健康人，这种传播途径通常被称为粪口传播，传播方式主要有以下几种：

①经食物传播：造成甲型肝炎传播的一个重要途径是食物受到一定程度的污染。如果经常生食、半生食或者食用未经过煮熟的食物容易造成甲肝的流行。除

此之外，还应注意的是，食具、茶具被污染，也会造成甲型肝炎流行。

②经水传播：供饮用的自来水、井水等水源受到污染，或用被污染的河水洗涤碗筷、食品，也可造成甲型肝炎暴发流行。

③经接触传播：这种传播方式主要是通过手进行传播，甲型肝炎病人的手不可避免地会沾上甲肝病毒，尤为值得注意的是，凡是病人接触过的物品都容易受到污染，如果健康人的手也去接触这些被污染的物品，并且未洗手就进食，那么在这种情况下，甲肝病毒就会随着食物进入体内。

（2）临床表现

感染甲型肝炎病毒后约经 15 ～ 50 天的潜伏期，随后逐渐出现发热、疲乏无力、食欲不振、厌油腻、恶心、腹胀、肝区不适或疼痛等种种症状。一部分病人往往还可出现皮肤黄染、尿呈深茶色等明显征兆。这些症状一旦出现，应尽快到医院进一步做肝功能化验确诊。

（3）预防和治疗

在现代医学条件下，甲型病毒性肝炎并没有特效药物可以治疗，预防的主要办法应采取以切断传播途径为主的综合措施，当我们暂居国外时，一定要做到以下几点：

①养成良好的个人卫生习惯，严格把好手、口二关，应努力做到饭前便后洗手，不喝生水，不吃未煮熟的食物，蔬菜、水果一定要洗干净再吃。

②提倡分食进餐，公共餐具必须严格消毒处理。

③发现病人应隔离治疗，隔离期至少 30 天。对患者接触的食具及物品进行消毒。

④对与甲型肝炎病人密切接触者，可注射甲肝疫苗及丙种球蛋白。

2. 乙型病毒性肝炎

乙型病毒性肝炎是一种全球性瘟疫，它是由乙肝病毒引起的以肝脏损害为主的肠道传染病。一个必须正视的问题是：我国是一个肝炎大国，是乙型肝炎的高流行区。乙型肝炎全球的流行情况可分为三类：

（1）低流行区：乙型肝炎病毒表面抗原携带率小于 2%，如北欧、英国、中欧、北美和澳大利亚等；

（2）中流行区：乙型肝炎病毒表面抗原携带率在 2% ~ 7%，如南欧、东欧、地中海地区、日本、西亚、南亚、前苏联等；

（3）高流行区：乙型肝炎病毒表面抗原携带率大于等于 8%，如东南亚地区、非洲和我国。全球每年死于乙型肝炎病毒感染引起疾病的人数为 75 万，由此我们也不难看出，乙型肝炎流行的严重性。

乙肝主要经血传播：如通过输血、血浆、血制品以及使用污染乙肝病毒的注射器、针头、针灸用针、采血用品而发生感染，血流透析等亦有感染的危险。各种体液在传播乙肝中的作用也不能忽视，如：唾液、尿液、胆汁、乳汁、汗液、羊水、月经、精液、阴道分泌物、胸腹水等。

在当今社会，乙肝疫苗的推出为人类所欢欣鼓舞，因为它为人类预防乙肝提供了一个有效武器，注射该种疫苗可以在很大程度上预防肝炎。但是，当我们自处异国他乡，还应该在疾病预防上提高警惕，要从流行区和传播途径两大方面多加注意，做到有备无患，健康无忧。

预防肺结核传染病

肺结核病严重危害人类的健康，它的传染性是极强的，它是结核杆菌引起的一种慢性传染病，可累及身体的各个脏器。

排菌的肺结核病人是肺结核的主要传染源。它传染的主要途径是通过空气、飞沫传播。肺结核病人，特别是空洞肺结核病人，通过咳嗽、喷嚏、大声说话等各种方式，排出大量带有结核杆菌的飞沫。较小的飞沫在排出后可较长时间悬浮在空气中，健康人吸入后引起感染；较大飞沫迅速落下，沉降在物体或地面上，当扫地、走路、风吹时与尘埃一起又重新飘浮在空气中，经人吸入后引起感染。除此之外，病人随地吐痰、痰迹中结核杆菌可与尘埃一起飞扬在空气中，在这些情况下，也可引起肺结核的传播。

肺结核的临床表现是多种多样的，综合来看，有以下两方面的临床症状：呼吸系统症状有咳嗽、咳痰、咯血、胸痛、胸闷、气急等；全身症状有发热、消瘦、盗汗、乏力、食欲减退、月经不调等。少数病人急剧发病，有畏寒、高热、出汗、全身酸痛等症状。部分病人的症状不明显。值得注意的是，肺结核病的症状并不是结核病所特有的，很多时候，其他肺部疾病也会产生这些症状。应该看到，肺结核病是一种常见的慢性病，症状一般是由轻渐重，由不明显到明显，逐步发展。

根据上面的介绍，要做好肺结核的预防工作，就必须从控制传染源、切断传播途径和增强肌体抵抗力降低易感性三个环节采取综合措施，具体来说，可以从以下环节入手。

（1）定期体检进行胸部 X 光检查，一旦发现病人，进行彻底治疗和全程管理。预防肺结核最主要的措施是对开放性肺结核病人进行隔离治疗。

（2）公共道德一定要养成，不随地吐痰、咳嗽，打喷嚏时要用手帕等捂住口鼻。

（3）对结核菌素试验阴性的易感者，应接种卡介苗；对结核菌素试验呈阳性者，应接受抗结核治疗六个月，以预防其发病。

（4）患病期间要注意休息，除有发热、咯血等严重症状外，不必强调卧床休息。适当增加营养，多食优质蛋白食物，除此之外，保持居室空气流通和新鲜也是十分重要的。

（5）药物对治疗结核病的作用是显而易见的，常用的药物有异烟肼、利福平、链霉素、吡嗪酰胺、乙胺丁醇、对氨水杨酸等。一定要注意的是，在药物治疗时应在医生指导下进行。

预防流行性感冒

流行性感冒简称为流感，是由流感病毒引起的一种急性呼吸道传染病。其特点是起病急，传染性强，流行广泛，传播迅速，易引起流行和大流行。流感病毒分甲、乙、丙三型。甲、乙型可引起流行，丙型只发生散发病例和小的局部爆发。人群对流感病毒普遍易感，病后有一定特异性免疫力，但不能持久。

1.传播途径

流感的传染源主要是病人和隐性感染者，自潜伏期即有传染性。发病3天内传染性最强，轻型患者在传播上也有重要意义。隐性感染者排病毒的数量较少而时间短，故传染意义不大。病人的鼻涕、口涎、痰液中含有大量病毒，通过咳嗽、打喷嚏、大声说话将病毒排到空气中，易感者吸入后即能感染。在通气不良、居住拥挤的地方，传播更为迅速。另外，通过直接接触被污染的食具、玩具或物品也可传播。

2.临床表现

流感潜伏期一般为1～3天。发病后主要表现为畏寒、高热、体温可达39～40℃，伴有头痛、全身酸痛、乏力、面颊潮红、眼结膜充血等。但呼吸道症状较轻，部分病人可有咳嗽、轻度喷嚏、流涕等。全身症状重、呼吸道症状轻是流感的主要特征。一般经2～3天后体温下降，全身症状逐渐好转。

3. 预防和治疗

（1）应及时隔离治疗，减少传播，降低发病率。

（2）流行期间不搞大型集会和集体活动，不到或少到公共场所活动，互相接触时戴口罩。

（3）平时应加强营养，加强户外活动，锻炼身体，增强对流感病毒的抵抗力。

（4）病人应卧床休息，多饮水，进食可口清淡的流质或半流质食物。

（5）在发病的早期使用抗病毒药物及对流感病毒有抑制作用的中草药制剂，可减轻症状。目前尚无确切有效的抗病毒药物，高热、病情较重者可输液降温。如合并有细菌感染者，应使用抗菌药物。

药物中毒怎么办

当我们去国外旅游或出差时，经常会遇到药物中毒的现象，因此，我们需要掌握一些药物中毒的救济常识。

1. 药物中毒的诊断

正确、快速地做出药物中毒的诊断，是提高抢救成功率的关键。在药物中毒的诊断中确定中毒的药物，中毒对机体的影响范围和程度，这对抢救治疗的成功十分重要。

药物中毒的诊断可从以下方面进行。

（1）询问病史

详细询问病史是诊断药物中毒的主要方法。询问病史时要注意以下几点：

①近期患病与否？曾用何种药物治疗？数量多少？用后反应如何？从而判断何种药物中毒、中毒的深度，出现的症状与疾病或药物的关系。

②患者原来的健康状况如何？出现症状是缓起还是急起？病前、近期精神及身体状况如何？是否突然发生严重症状？

③依据中毒患者的面容、呼出气味、排泄物的性状、症状及体征，结合病史得出初步诊断。

④实验室检查，做毒物鉴定、生理生化指标以明确诊断。

（2）中毒分类

中毒有急性、慢性和亚急性之分。急性中毒需要及时抢救。

①急性中毒是一次大剂量药物进入体内而引起急性中毒症状，症状严重而潜伏期短，亦可是少量、烈性、易吸收的药物受纳后立即陷入昏迷状态，在数分钟内死亡。

②慢性中毒是由药物少量多次进入体内所致，持续时间达数周甚至数年，但在慢性期都可有急性发作。

③亚急性中毒发生时间介于急性和慢性之间，即药物一次性进入体内后，在较长时间内作用于人体所致。

（3）中毒常见的症状

①呼吸系统

药物对呼吸器官的损害，可导致呼吸中枢抑制或呼吸肌麻痹，也可发生剧烈的咳嗽、失音、肺水肿、呼吸困难等。

②循环系统

急性中毒患者致死原因常为心力衰竭和休克。有些毒物是通过对血管和神经系统的作用或电解质紊乱而继发心力衰竭、休克或心血管功能障碍。

③消化系统

由于多种药物经口进入由消化道排泄，从而刺激和破坏消化道组织，而出现明显的胃肠道症状，如剧烈的腹痛、恶心、呕吐和腹泻等。由消化道进入的药物部分经肝脏解毒，故肝脏也可受到不同程度的损害。而出现中毒症状。

④泌尿系统

肾脏为药物排泄的重要脏器，中毒时出现程度不同的肾损害。其中以急性肾衰竭最为严重。

⑤神经系统

常出现神经系统因受损害而发生功能失调，如幻视、幻听、乱语、烦躁、惊厥等。

⑥血液系统

某些毒物抑制骨髓造血，破坏红细胞等，可出现贫血、溶血、粒细胞减少及血小板减少等。

2. 药物中毒的急救

药物中毒的急救处理原则是：立即终止接触药物，尽快排除未吸收的药物并清除进入体内已被吸收的药物，维持呼吸、循环功能，如有可能应尽快使用特效解毒剂，对症支持疗法等。以上诸点必须尽量及早执行。

药物中毒以后主要采取以下两种措施进行急救：

（1）催吐

口服药物的患者，只要神志清醒应作催吐处理，这样可将胃内大部分药物排出，减少药物吸收。常用的催吐方法有：

① 探咽催吐

即用压舌板、筷子或手指等搅触咽弓及咽后壁，使之呕吐，此方法简便易行，奏效迅速。

②药物催吐

常用的药物有吐根糖浆、阿扑吗啡。吐根糖浆的催吐剂量是：成人30毫升口服，需要时半小时可重复一次。阿扑吗啡催吐效果显著，用于不能口服催吐剂的患者，成人皮下注射3~5毫克。幼儿、体弱患者及休克、昏迷者等禁用。

下列情况不用催吐方法：没有呕吐反射能力的患者，昏迷、惊厥患者，服用阿片剂及抗惊厥类药物等抑制呕吐中枢的药物而中毒的，有严重心脏病、动脉瘤、食管静脉曲张及溃疡病等患者不宜催吐，孕妇慎用。

催吐时患者的体位：当患者发生呕吐时，应采取左侧卧位，头部较低，臀部略抬高；幼儿则应俯卧，头向上臀部略抬高，以防止呕吐物吸入气管发生窒息或引起肺炎。

（2）洗胃

洗胃是排除药物最重要的方法，应尽早实施。一般在4~6小时以内进行。有些药物如镇静剂、麻醉剂等在胃内停留时间较长，因此洗胃时间要依药物性质而定。洗胃的早晚及是否彻底洗出胃内药物，对中毒患者的抢救成功与否，关系甚大。

①洗胃液的选用在未查明药物的种类时，采用稀释一倍的生理盐水作为洗胃

液。以免清水过量发生水中毒。毒物的种类明确时，应用相应的解毒剂洗胃。洗胃液温度在 25 ~ 27℃为宜。

②洗胃液的用量成人每次 300 ~ 500 毫升。小儿按每千克 10 ~ 20 毫升，反复多次洗胃，直到彻底清除全部胃内容物。

急性阑尾炎急救

在境外，我们身体随时有可能遭到病痛的侵袭，其中急性阑尾炎就是让人难以接受的一种疾病。转移性右下腹痛是急性阑尾炎的典型临床表现。刚开始疼痛时，疼痛部位在肚子的上部或者肚脐周围，疼一段时间后，这种疼痛逐渐转移到了右下腹部。

但是得了急性阑尾炎，不一定都表现为转移性右下腹痛。下面就介绍三种急性阑尾炎的其他有可能的症状表现。第一，大多数人的盲肠和阑尾长在肚子的右下部，但是有的人的盲肠和阑尾长在肚子的左下部，所以出现转移性左下腹痛，也应考虑到左侧阑尾炎的可能。第二种是部位不明确的疼痛，也就是说整个肚子都疼，在这种情况下我们也应该考虑得了急性阑尾炎的可能。第三种是一开始就感到右下腹痛，特别是慢性阑尾炎急性发作时，因此无转移性右下腹痛，也不能完全排除急性阑尾炎的存在。

下面给大家介绍一下急性阑尾炎稍微严重一点时肚子疼的征兆。急性阑尾炎的疼和一般的肚子疼没有什么区别。如果炎症已侵及腹膜，我们用手按压肚子上的疼痛的地方，当手突然抬起时我们会感到更加疼痛，这种疼痛叫做"反跳痛"。如果你的肚子出现了"反跳痛"的症状，那么十有八九你是得了急性阑尾炎。

如果你得了阑尾炎千万可不能轻视，因为如果不及时诊治，炎症加重，一旦形成阑尾周围脓肿或阑尾坏疽、穿孔，引起弥漫性腹膜炎，小病就变成了大病，有时甚至会危及生命。如果你根据上面的症状判断，你好像得了阑尾炎，那么你最好是平躺在床上为好。但是如果你感到肚子实在是疼得受不了了，那么很有可能你是阑尾穿孔了，这时候你最好半躺下，也就是上身稍稍的直立一些，这样有利于溢出液吸收。在没有经过医生的确切诊断之前，最好不要服用治疗拉肚子的药，也不要因为疼痛就自己擅吃一些止疼的药和鸦片制剂或注射杜冷丁及吗啡，因为这些药物很容易掩盖病情真相，延误诊断，使病情加剧。

原则上讲，急性阑尾炎都应立即到医院做阑尾切除手术，尤其是怀疑阑尾可能有化脓坏死时，更需要立即手术。

急性阑尾炎应该如何预防？

（1）刚刚吃完饭不要做剧烈的活动，特别不要快跑。

（2）夏天特别炎热的时候也不要因为一时的贪图凉快就在温度很低的空调房间里呆太长的时间，而且不要喝过多的冰镇啤酒以及其他的冷饮。

（3）平时吃饭时还要注意不要吃过于肥腻的东西和过多的刺激性食物，而且不要暴饮暴食，不要饥一顿饱一顿的，因为如果你饮食不规律，胃肠道充满和排空会失去正常的尺度，而暴饮暴食，会突然加重胃肠负担，加大食物对胃肠道的机械性刺激。如果这样就会导致肠道正常蠕动发生改变，功能出现紊乱。另外，生的和硬的等难消化食物也不要多吃，因为生的、硬的食物很难消化，这样就会加重肠道负担，导致消化不良、胃肠功能紊乱。而且我们吃饭时要细嚼慢咽，这样会减少进入盲肠的食物残渣，减少得急性阑尾炎的可能。

（4）我们还要积极参加体育锻炼，增强体质，提高免疫能力。如果有慢性阑尾炎病史，更应注意避免复发。平时要保持大便通畅，及时治疗便秘及肠道寄生虫。

突发心脏病救治

现在，突发心脏病已经成为导致人们"突然"死亡最主要的疾病。那么，突发心脏病是如何造成的呢？在境外我们又该如何预防突发心脏病呢？

1.突发心脏病的症状

突发心脏病主要有以下症状：

（1）疲劳：疲劳是各种心脏病都会表现出来的症状。当心脏病使血液循环不畅通时，新陈代谢的废物（主要是乳酸）就会积聚在我们的器官组织内，这样就会刺激神经末梢，令我们产生疲劳感。

（2）气短：气短也是心脏病的症状中最常见的。最显著特点是当我们稍微做一些累一点的事情时就会喘不上气来，还有就是晚上我们会一阵一阵地呼吸困难。

（3）紫绀：紫绀可能我们听起来不太懂，简单地说就是你的皮肤、黏膜、耳朵周围、嘴唇、鼻子周围和指尖发紫。

（4）水肿：水肿有时候是全身性的，有时候只是下半身水肿。

除此之外，心脏病的症状还表现在疼痛、心跳突然加快等方面。

2.如何预防心脏病

（1）避免拥挤。拥挤有这样两个危害：第一，拥挤可能会使我们喘不上气来，甚至窒息。第二，无论是什么类型的心脏病大都与病毒感染有关，即便是心力衰竭也常常由于上呼吸道感染而引起。因此，要注意避免到人员拥挤的地方去，尤其是在感冒流行季节，以免受到感染。

（2）合理饮食。应有合理的饮食安排。从心脏病的防治角度看营养因素十分重要，所以我们平时的饮食原则上应做到"三低"，即低热量、低脂肪、低胆固醇。

（3）适量运动。积极参加适量的体育运动，维持经常性适当的运动，有利于增强心脏功能，促进身体正常的代谢，尤其对促进脂肪代谢，防止动脉硬化的发生有重要作用。对心脏病患者来说，应根据心脏功能及体力情况，从事适当的体力活动，这样有助于增进血液循环，增强抵抗力，提高全身各脏器机能，防止血栓形成。但也需避免过于剧烈的活动，活动量应逐步增加，以不引起症状为原则。

（4）规律生活。养成健康的生活习惯。生活有规律，心情愉快，避免情绪激动和过度劳累。

寒冷的冬季是心血管病高发的季节。据统计，中国每天有7000人死于心脏病，其中70%的人是因为无法得到恰当救助而死于家中或现场。因为大脑需要大量的氧，呼吸和心跳停止后，大脑很快会缺氧，4分钟内将有一半的脑细胞受损；如果患者在疾病突发的4分钟内，能够得到有效的急救措施，复苏率在50%（这4分钟被称做挽救生命的"黄金4分钟"）。超过5分钟再施行心肺复苏，只有1/4分之一的人可能救活。真可谓时间就是生命！

另外，心脏病突发来势凶猛，处理不当就有致命危险。为此，发作时切莫惊慌失措，应按照以下措施展开急救：

（1）当突然出现胸部剧烈疼痛或憋闷等感觉异常时，马上调整体位，保持比较缓和的姿势。心脏病突发后，患者的体位非常重要，千万不要马上躺下。因为当病人躺下后，影响肺活量，进而加重心脏负担，使心肌缺血、缺氧的情况更加严重，有可能发生心肌梗死，甚至死亡。因此，心脏病突发时，患者如果正处在站立姿势，应自己或在他人的帮助下，扶着周围的物体缓慢地坐下；如果正坐着，应缓慢地向后靠成半卧姿势。解开领带、皮带、钮扣等，并保持安静。

（2）保持室内空气流通，温度适当，使其精神稳定下来。

（3）舌下含服硝酸甘油或消心痛，不要吞服，约3～4分钟起效。并且嚼服 300 毫克的阿司匹林。

（4）如心脏停跳，应马上做心肺复苏施救，直到医务人员来到。

（5）在抢救的同时拨打 120 急救电话。

3. 如何预防心脏病突然恶化

（1）不要吸烟。吸烟是冠心病死亡的主要原因。心脏病总死亡率的 21% 是由吸烟造成的。而且吸烟可使人们患心脏病的机会增加一倍以上，使死于心脏病的危险性增加 70%。每天吸 1 ~ 14 支烟的人，死于冠心病的危险比不吸烟的高 67%；若每日吸 25 支以上，死亡危险高 3 倍。

（2）控制体重。研究证明，超过标准体重 20%，其心脏病发病的危险性增加一倍。随着生活的改善，人们的体重在普遍增加，已有 1/5 的人过于肥胖，这给心脏增加了极大的负担，如能有效地减肥，心脏病突发的危险性可降低 35% ~ 50%。

（3）降低胆固醇。血胆固醇增高已是当今举世担忧的危险因素。几项大型研究表明，血胆固醇每降低 1%，心脏病突发的危险性可降 2% ~ 3%。饮食控制通常能降低血胆固醇 10%，这意味着心脏病突发危险可减少 20% ~ 30%；服用降血脂药物能降低胆固醇 20%，这样，心脏病突发的危险可减少 40% ~ 60%。

（4）治疗高血压。降低高血压能有效地减少中风的危险，同时也在一定程度上减少了冠心病死亡的危险。典型病变的研究表明，降低高血压可降低冠心病突发危险的 15% ~ 20%。

急性胃炎的救护与预防

急性胃炎是指由于各种刺激性因素所导致的胃黏膜急性损伤性疾病，临床上可分急性单纯性胃炎、急性腐蚀性胃炎和急性化脓性胃炎。

1. 急性胃炎的病因

（1）药物。最常见的是非甾体类抗炎药，如阿司匹林、吲哚美辛、对乙酰胺基酚及含有这类药物的各种感冒药。

（2）应激因素。如大手术、大面积烧伤、严重创伤和败血症等。

（3）酒精。多发生于过量饮酒之后。

（4）腐蚀性化学物质。吞服腐蚀剂，如强酸、强碱、实验室用洗液等。

（5）感染。多发生于全身系统的感染，由身体其他器官的感染灶通过血循环或淋巴到达胃黏膜，引起炎症。或发生在器官移植、肿瘤化疗晚期、艾滋病等全身免疫功能低下的病人中。

（6）食物中毒。由不洁食物中的细菌或病毒引起。

（7）胃黏膜缺血和缺氧。

（8）胃部的放射性损伤和机械性损伤。

2. 急性胃炎的症状

主要表现为恶心、呕吐伴上腹部不适、饱胀及疼痛，偶有腹泻、明显呕吐，呕吐物含有黏液、未消化食物，甚至胆汁。腐蚀性胃炎者呕吐物常有血液及坏死的胃黏膜。

严重的化脓性胃炎和腐蚀性胃炎发作时，上腹部剧烈疼痛、腹肌强直，前者常伴有高热及全身明显的中毒症状，后者晚期可产生幽门狭窄或伴发食道狭窄，两者均可发生胃穿孔、继发性腹膜炎及气腹等。

3. 急性胃炎的应急处理

（1）卧床休息。

（2）禁食 8 ~ 12 小时，恶心呕吐停止后可进流质饮食。

（3）腹部疼痛时可热敷，剧烈时可口服颠茄合剂 10 ~ 20 毫升或阿托品 0.5 毫克。

（4）腐蚀性胃炎者可饮牛乳、蛋白及豆腐之类以保护胃黏膜，减轻胃黏膜的损伤。

（5）严重者或并发穿孔或腹膜炎，应迅速送医院急救。

（6）病愈后，要养成良好的饮食习惯，切勿再暴饮暴食，要少饮酒，不吃对胃有刺缴的或不新鲜的食物。

4. 急性胃炎的预防：

（1）注意饮食卫生，不要食用未经消毒处理的食物及水果。

（2）禁止暴饮暴食，以免增加胃肠负担。

（3）饮食要有规律，尽量做到定时进餐。

第四章

危机自救——境外高危事件应对

T

IAN DUN AN FANG

　　近年来，境外许多国家由于受政局混乱、社会治安差等因素的影响，经常会发生一些意想不到的危险事件，如恐怖袭击、路边炸弹等等。另外，还有由于核泄漏、核辐射引发的环境灾难。因此，当我们去国外旅行时一定要掌握一些应对特殊事件的常识。

2013 年 12 月 29 日，俄罗斯的伏尔加格勒火车站传出巨大爆炸声，火光冲天，这起恐怖袭击造成 18 人死亡。而后就在不到 24 小时之内，当地时间 30 日早上，一辆无轨电车在经过市集时突然爆炸，又造成 14 人死亡。一时间，这座俄罗斯的"历史名城"陷入到了极大的悲痛当中。

2012 年 1 月 28 日，一家中国公司在苏丹南科尔多凡州的公路项目工地遭苏丹人民解放运动（北方局）反政府武装袭击，29 名中国工人被劫持。外交部等有关部门和中国驻苏丹、肯尼亚、南苏丹等相关国家使馆与有关国家及红十字国际委员会等有关方面保持密切联系，想尽一切办法，通过各种渠道，全力开展了营救工作，最终使中方被劫持人员于 2 月 7 日安全获救。

通过上述事例我们可以看出，对于国外一些危险事件的发生，我们是难以预料的。因此，当我们身处国外时一定要保护好自身安全。

境外常见公共安全危机紧急应对

1. 车辆劫持和袭击

面对车辆劫持时，可参考如下措施：

（1）立即对形势进行判断，并决定停车或是迅速逃离。

（2）在多数情况下，停车并且交出财物是明智的选择。

（3）不贸然采取抵抗行动，不做任何突然的动作。

（4）将手放在劫持者可看见的地方。

（5）迅速遵从劫持者的指令。

（6）要表示出自己没有任何威胁且很顺从。

（7）事后要迅速、准确地报告该事件。

出行期间，若有车辆遭到袭击，司机应一脚油门踩到底，以最快的速度冲出危险区。未到达伏击点的车辆应立即停止前进，掉头并通知后车返回。如必须到达目的地，此时应采用之前精心设计的备选路线。若没有武装卫队或其他军事设备，因在伏击中几乎无力还击，故不要试图返回去解救。停火并不意味着安全了，直到敌对势力被打败或者撤退才算安全。若得到武装卫队的援助，保卫安全的总职责要交给卫队指挥官，但卫队并不能保证车辆不受到攻击。危险一直存在，要始终保持警惕。

2. 路边炸弹

路边炸弹全称是"简单爆炸装置"，英文简称 IED，一般是武装分子采用未爆弹或炸药因陋就简组装而成的。其作用是设伏、破坏、杀伤、阻滞目标。如针对人员目标，武装分子一般会在爆炸装置中加入铁钉、钢珠等；如针对车辆目标，则加入易融化金属芯、金属锥等，并加大药量以及进行弹体形状改装，以增强爆炸的杀伤力。

路边炸弹多采用压板、绊绳、手机、BP 机、洗衣机定时器、自动车库门遥控装置、磁力和红外等方式进行引爆。但随着防范措施的加强，路边炸弹伪装和引爆方式也在不断改进。

避免被路边炸弹波及的参考措施包括但不限于如下方面：

（1）最大化地减少陆路旅程。

（2）保持行为低调，尽量乘坐当地主流车辆并限制车队规模。

（3）减少与武装分子袭击目标在公共场合的接触并尽量避免与其同行。

（4）合理制定行程时间并派出先导车辆。

（5）高风险路段要乘坐装甲车辆并严格穿戴安保用品。

（6）车队行驶时，使用无线电干扰装置并保持安全车距。

（7）严格控制行程安排"须知"范围并最大化地减少规律性行程。

（8）保持良好的社区部落关系，不结怨并扩大信息获取渠道。

（9）如遇袭击，不要停车查看，立即脱离危险区域。

3. 爆炸

遭遇炸弹爆炸，尽量沉着冷静，不要惊慌，迅速背朝爆炸冲击波传来的方向卧倒，如在室内可就近躲避在结实的桌椅下。爆炸瞬间屏住呼吸、张口，避免爆炸所产生的强大冲击波击穿耳膜。观察、寻找、挑选人流少的安全出口，迅速有序撤离现场，不要因为顾及贵重物品而浪费宝贵的逃生时间。及时报警，等待救援。

4. 劫机

面对劫机时，可参考如下措施：

（1）保持克制及警觉，进行心记。

（2）除非生命受到威胁，避免与绑匪目光接触和对抗。

（3）如果事件拖而不决，要接受给予的食物。

（4）注意紧急出口情况，仔细听从劫匪的指令。

（5）如果情况恶化，要对自己可能遇到的问题或要采取的行动做好心理准备。

（6）在救援行动中，要注意藏身，听从所有指令，不要突然动作，要使手臂放在可见的地方并做好受到粗野对待的准备。

（7）要表示出自己没有任何威胁且很顺从。

（8）事后要迅速、准确地报告该事件。

5. 武装冲突

遇到武装冲突，应做到如下事项：

（1）立即俯身寻找遮盖物，不要奔跑，盲目奔跑只会增加重要部位如头部被击中的可能性。

（2）如必须移动，采取匍匐前进或者打滚方式，尽可能地保持低位，贴近地面并使用可以一切可利用的遮蔽物。

（3）如果正在开车，可以的话一直开过去，如果不可以，从背着开火的一面下车并隐蔽。

（4）如看到即将爆炸的手榴弹等爆炸物品接近自己且又无法躲避时，应平躺在地上，双脚和双膝紧紧贴在一起，将脚底朝向爆炸物品位置。因为爆炸将以爆炸物品为中心向外呈圆锥形释放火力，在这种姿势下，鞋、脚和腿会保护人体的其他重要部位从而最大限度地减轻伤害。

（5）冲突中，手臂要始终保护好你的头部、胸部等身体重要部位。

（6）安全人员在冲突中并不能将你和攻击者有效区别开来，所以在冲突的任何时候都不要试图帮助他们，以免造成误伤。

（7）如果没有听到站起来的命令，应一直保持平躺。

发生爆炸怎样紧急应对

由于境外很多国家的社会秩序比较混乱，常常会发生一些爆炸事件，当你在室外的公共场所遇到爆炸时，要迅速背朝爆炸冲击波传来的方向卧倒，脸部朝下，头放低，在有水沟的地方则应侧卧在水沟里面。室内场所发生爆炸时，要就近躲避在结实的桌椅下。切忌大呼大叫、乱跑乱窜。下面介绍一些安全常识。

1. 如何识别可疑爆炸物

在不触动可疑物的前提下：看，由表及里仔细地观察，识别、判断可疑物品或可疑部位有无暗藏的爆炸装置；听，在寂静的环境中用耳倾听是否有异常声响；嗅，如黑火药含有硫黄，会放出臭鸡蛋（硫化氢）味；自制硝铵炸药的硝酸铵会分解出明显的氨水味等。

2. 在大型体育场馆发生爆炸怎么办

（1）迅速有序地远离爆炸现场；

（2）撤离时要注意观察场馆内的安全疏散指示和标志；

（3）场内观众应按照场内的疏散指示和标志从看台到疏散口再撤离到场馆外；

（4）场馆内部体育官员、工作人员以及运动员，应根据沿途的疏散指示和标志通过内部通道疏散；

（5）不要因贪恋财物浪费逃生时间；

（6）实施必要的自救和救助他人；

（7）拨打报警电话，客观详细地描述事件发生、发展的经过；

（8）注意观察现场可疑人、可疑物，协助警方调查。

3. 在商场与集贸市场发生爆炸怎么办

（1）保持镇静，迅速选择最近安全出口有序撤离现场；

（2）注意避开临时搭建的货架，避免因坍塌可能造成的二次伤害；

（3）注意避开脚下物品，一旦摔倒应设法让身体靠近墙根或其他支撑物；

（4）实施自救和救助他人；

（5）不要因顾及贵重物品而浪费宝贵的逃生时间；

（6）迅速报警，客观详细地向警方描述事件发生、发展的经过；

（7）注意观察现场可疑人、可疑物，协助警方调查。

遭遇炸弹袭击的自救措施

在境外，恐怖分子的炸弹最难预防，并且会引起极大的恐慌。目睹这种爆炸的混乱场面，听到许多伤者的呼嚎，的确容易令人手足无措。但对付恐怖分子，人人都可以做出重要贡献。以下是警方专家的建议。

（1）如果手持照相机，尽可能拍摄现场情况，尤须注意事后匆匆离开现场的人。照片能协助警方找到放置炸弹的嫌疑犯。

（2）切勿忽视自身安全，例如拍照时要当心飞坠的碎片。

（3）打电话报警，警方会通知其他紧急援救机构人员赶来。

（4）尽力帮助伤者，直至紧急救援机构人员到达现场。

（5）如果自认帮不了忙，应该静静地离开现场。别跑，否则会再度引起恐慌，增加伤亡人数。

（6）把爆炸后所见所闻，全部记录下来。

（7）将现场记录或照片，交给附近警察局。

1. 如果发现可疑包裹

（1）如怀疑包裹或器皿里可能有炸弹，切勿触摸。许多恐怖分子的炸弹都装有"触动系统"，一旦移动便立刻爆炸。

（2）千万不要高叫"炸弹"等可能会引起别人恐慌的言辞。

（3）远离可疑包裹，告诉别人也这样做。

（4）倘若身在行驶中的火车上，切勿按动警报系统。在两站之间突然停车，会妨碍处理炸弹专家的到来，乘客也难以安全疏散。

（5）向有关人员，诸如火车上的守卫、警察、交通督导员或车站搬运工人报告发现可疑物体，或者尽快打电话报警。

（6）如发现有人在放置可疑物体后匆匆离开，应该马上随手记录此人的外貌。

（7）如果有照相机，应在安全情况下立刻把可疑的人物和包裹拍下来。就算模糊的背景也能协助警方辨认匪徒，而炸弹原来的模样将会是爆炸后警方调查的重要线索，可以帮助警方追缉疑犯。

（8）立刻打电话报警。

2. 怎样分辨邮件炸弹

邮件炸弹像恐怖分子使用的其他炸弹一样，看上去并无危险；反之，为了引起恐慌，一些物件却故意做成炸弹模样。因此很难判断哪些是真正的炸弹，哪些是伪装的。

警方专家指出，辨认信件及包裹里是否藏有炸弹，应注意以下特征：电池、电线、油渍或杏仁气味。同时留心不寻常的特征，例如包裹是否格外笨重？包装方式是否特殊？如在认为不会有人寄包裹来却收到包裹，就应想一想，有没有熟人住在邮戳所示的地区？

3. 如果收到可疑信件或包裹

（1）切勿把它打开。邮件炸弹设计特殊，在邮递过程中受到震荡不会爆炸，但一拆开便会爆炸；也不要挤压或刺戳邮件。

（2）切勿把它放在别的器皿内，也不宜放在沙里或水中，并且叫其他人也别这样做。

（3）在包裹上找出投寄人的姓名，打电话求证其真伪。若包裹是寄给家人或同事的，应该问清楚是否正在等待别人寄包裹来。

（4）若经缜密查核后，仍不能消除疑虑，应该把包裹放在原处，然后通知所有人离开房间。锁上房门，藏好钥匙，别让不明底细的人走进危险地带。房间若有玻璃窗，要通知同事或外面的行人远离这些窗门，以免爆炸时被飞坠的碎片割伤。

遭遇核爆炸的逃生自救

在当今社会，核爆炸事故已成为人类新的威胁。核爆炸的直接危险是冲击波、热量和辐射，其后果的严重性与武器的类型、爆炸的距离和高度、气候和地形条件等息息相关。

 ## 1. 冲击波

爆炸会引起最初的冲击波。由火球的快速膨胀引起的大气压强威力更大。从爆炸中心向外扩张的压强波将摧毁建筑、拔起树木、空中飞满碎物，紧接着便是强热的来临，爆炸产生的能量的一半是通过这种方式扩散的。

当冲击波过后，大气快速返回填补"真空"，引起更严重的伤害。在初始冲击波已破坏建筑物的地方，这种真空的结果是最终把建筑物摧毁。

 ## 2. 热量

由核爆炸引起的核辐射（热和光），其温度比太阳还高，包括高密度的紫外线、红外线和其他不可视的辐射线。接近爆炸中心，所有不可燃的材料都可点燃——甚至使其气化。

3. 辐射

除了产生热辐射，核裂变还产生 α 粒子、β 粒子和 γ 射线。

4. 残余辐射

值得我们注意的是，核爆炸在最初时期释放的初始辐射是致命的——但仅持续很短的时间。一旦冲击波过后，初始的辐射也就过去了。但是千万不要掉以轻心，暴露在残余的辐射下一样危险重重。

残余辐射数量多少取决于原子弹如何爆炸。如果它在高空爆炸，火球体也没触及地表，则很少有残余辐射产生，被称为"尘埃的爆炸"；如果在地面或近地面爆炸，则大量的土壤和碎物会被吸进高空中，作为辐射尘埃落向地面。重的微粒落在爆炸区域附近，但轻的尘埃或许会被随风携带到更广大的地域，这就是通常所说的辐射扩散。辐射会随时间的延长而发生衰变。

在核爆炸时产生的核辐射对我们身体的危害是致命的，因此，在核辐射初始阶段，防护工作一定要做好。

5. 躲避辐射

要想达到躲避辐射的目的，最好的办法是让身体躲在壕沟里，在壕沟的顶部覆盖上厚厚的泥土。如果爆炸离此相当远，不发生整体毁灭，那么在这种情况下，壕沟和泥土将能抵挡冲击波、热量和辐射的冲击。

寻找深谷、溪沟、沟渠和露出地面的岩石进行躲避。如果事先没有准备一个壕沟掩体，那么就以最快的速度挖一个。如果在挖掘过程中辐射已经开始，那么最大限度地减少身体暴露在辐射中的面积。

如在野外遭遇辐射，尽快地找一处掩体是尤为重要的。一旦得到遮蔽，脱下外面的衣服，把它掩埋在掩体另一端的地下。如果不是迫不得已，千万不要冒险，不要再使用遗弃的衣服。不管情况如何变化，在最初的48小时内绝不要跑出掩体。

6. 去除放射性污染

如果你的衣服甚至身体曾暴露在辐射中，必须去除放射性物质的污染。如在掩体内，从掩体底部刮出土壤揉擦身体的暴露部分和外衣，然后刷去泥土，将其扔到外面，如果可能，用干净的布擦皮肤。如果有水的话，就可以用肥皂和水彻底洗净身体，而不需要用泥土，这样会更有效。

7. 核爆炸后生存

除非被储藏在深的掩体中或有特别的保护，核爆炸时，几乎所有的食品都吸收了辐射，小心那些盐分含量高的食物和奶制品，如牛奶和乳酪以及海生食物，经测试后发现，高盐分的食物和别的添加剂更容易使辐射集中，最安全的罐装食品是汤、蔬菜和水果。经过加工的食品比新鲜食品更容易吸收辐射。骨头吸收辐射的程度最厉害，其次是瘦肉（含脂肪量最低）。

8. 可食动物

生活在地下的动物比生活在地面上的动物较少受到核辐射。野兔、獾、田鼠和类似的动物是最好的证明。但是，当它们外出活动时，同样会受到污染。无论如何，这些食物来源必须要妥善处理。

为了减少来自肉类的辐射，千万别直接处理动物尸体。剥皮和清洗时要戴上手套或用布裹住手，避免直接与骨头接触，骨骼保留了90%的辐射，因此要选择离开骨头至少3毫米的肉。肌肉和脂肪是肉中最安全的部分，去掉所有的内脏器官。

在同一地区，鱼和水生动物要比陆生动物受到更多的辐射，鸟类尤其易被污染，是不能吃的，但其蛋是安全的，可以食用。

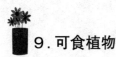

9.可食植物

长有块茎根的蔬菜最安全，例如胡萝卜、马铃薯、萝卜。食用前要把它们洗净去皮。表皮光滑的水果和蔬菜是次安全的。由于机理粗糙，带皱叶的植物最难除去辐射污染，应该避开它们。

10.长期生存

在严重的热核反应环境中，关于其长期影响的预测千差万别，核爆炸对天气和植物生存产生的影响远远超越爆炸区域本身。"核冬天"的可能性甚至使农作物都无法存活。

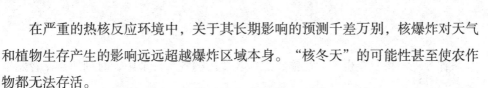

有毒气体泄漏怎么办

有毒化学物质在生产、运输、贮存和使用的各个环节中，时刻都存在着发生泄漏的危险。在境外，一旦发生毒物或易燃易爆性危险物质泄漏事故，除了可能造成巨大的人员伤亡和财产损失外，还牵涉到大批人员的紧急疏散，严重影响了人们的正常工作和生活。

1. 有毒气体的危害

（1）爆炸威胁大。

化工车间、仓库、储罐等发生火灾的时候，由于各种因素的影响，往往是先爆炸，后燃烧，也有的时候是先燃烧，后爆炸。爆炸时能够在一瞬间造成建筑结构的破坏、变形或倒塌，对岗位工人、灭火人员的安全也会造成一定的威胁。

（2）燃烧速度快。

在化工企业的生产过程中，由于原料和产品的沸点低，挥发性强，绝大部分物质具有易燃烧、易爆炸的特性，起火之后燃烧速度非常快，一般情况下会导致大量危险化学品的泄漏。特别是轻质油品和可燃气体，燃烧的时候蔓延速度快，通常还会以爆炸形式出现，瞬间就能够全部燃烧。有些可燃液体，除了火势蔓延速度快之外，本身也有流动性，起火之后失去控制，到处流散，让火灾迅速蔓延扩大。除此之外，火势的蔓延方向往往是沿着逆风或者可燃气体流动的相反方向进行蔓延。

（3）毒害性较大。

化工企业发生火灾的时候，有些物质在燃烧过程中能够产生大量的有毒气体，有些物质在化合、分解、重整的时候则需要某些有毒气体的元素做添加剂。

（4）现场情况复杂。

化工厂发生火灾事故后，往往导致建筑物倒塌、道路堵塞，行动不便，有的时候先后甚至反复出现燃烧、爆炸或伴有毒气等情况，给灭火行动带来很大困难。

（5）易造成环境污染。

在事故状态下，有毒气体的飘散往往会使局部地区的空气环境受到污染；有毒危险化学品在失控状态下的流淌，也会对地面环境造成一定程度的污染。

2. 有毒气体的个人防护

（1）呼吸系统防护

为了防止有毒、有害物质通过呼吸系统进入人体，要根据不同的场合选择不同的防护器具。

对于泄漏化学品毒性大、浓度较高，并且缺氧的情况，一般都必须采用氧气呼吸器、空气呼吸器、送风式长管面具等。

对于泄漏中氧气浓度不低于18%，毒物浓度在一定范围内的场合，可以采用防毒面具（毒物浓度在2%以下的采用隔离式防毒面具，浓度在1%以下的采用直接式防毒面具，浓度在0.1%以下的采用防毒口罩）。在粉尘环境中也可以采用防尘口罩。

（2）眼睛防护

为了防止眼睛受到伤害，可以采用化学安全防护眼镜、安全防护面罩等。

（3）身体防护

为了避免人体的皮肤受到损伤，可以采用戴面罩式胶布防毒衣、连衣式胶布防毒衣、橡胶工作服、防毒物渗透工作服、透气型防毒服等。

（4）手防护

为了保护手不受损害，可以采用橡胶手套、乳胶手套、耐酸碱手套、防化学品手套等。

核辐射对人体的危害

随着原子能工业的迅速发展，放射性物质在医学、国防、航天、科研、民用等领域的应用不断扩大。由于放射性物质是一种能连续自动放射射线（阿尔法、贝塔、伽马射线）的物质，在使用过程中极可能导致放射性污染，所以放射性污染已成为人们关注的重要问题。

我们通常把放射源发出粒子波的现象叫做放射性。有两种情况能够发生放射现象，一种是放射源自发地发生放射现象，叫做核放射性蜕变，即自发放射，某些元素的不稳定原子核可以自发地放射出各种粒子波。另一种是放射源在外来能量的作用下发生放射现象，叫做受激放射，比如激光、热辐射、电磁波、核辐射等。

放射性污染，是指人类在利用放射性物质时释放的各种放射性核素。一般放射性核素可通过呼吸道吸入、消化道摄入和皮肤或黏膜侵入等三种途径进入人体并蓄积，超过一定量时会对人体造成危害。

放射性污染分为天然放射性污染和人工放射性污染两类。其中，天然放射性辐射占 50% 以上，其余是人工放射性污染引起的辐射。

天然放射性污染有来自地球外的宇宙射线。近年来大气污染使臭氧层遭到严重破坏，在地球两极先后出现臭氧空洞，使直接照射到地球表面上的宇宙射线大大增加，对地球上的生物构成严重威胁；铀、钍等矿床、土壤、水和大气中均含有天然放射性物质。食品中也含有放射性物质。

人工放射性污染有核武器实验、核原料的开采加工、核反应堆和原子能发电站、核动力潜艇和航空器、高能粒子加速器以及医学、科研、工农业各部门开放性使用放射性核素等。

一些超级大国为了争夺"世界霸主"地位，争先搞核试验和核军备竞争。据资料统计，自 1945 年美国第一次使用核武器至美苏等国签署《禁止在大气层、宇宙空间和水下进行核武器试验条约》的 1963 年 8 月，美苏共进行了 354 次大气层核试验，92 次地下核试验，6 次水下核试验，共计 452 次核试验。这些核试验的放射性残留物基本都散失在空气、土壤中和水里。农作物吸收这些放射性元素后，食品中也含有放射性物质。

日常生活中常见的含有放射性物质有：磷肥、打火石、火焰喷射玩具、夜光表、彩色电视机、电子游戏机、计算机、激光玩具等。它们均可辐射不同强度和剂量的放射线。

一切形式的放射线对人体都是有害的。组成放射线的微观粒子能量大、穿透能力强，作用到人的肌体组织上后，使分子或原子获得能量而变得不稳定，肌体分子化学键断裂和重新组合成新物质过程中，产生各种变异细胞，即包括癌细胞在内的病体细胞，发生在脑部的放射性辐射可以扰乱神经中枢组织，引起各种精神障碍病。

在各种常见射线中，阿尔法射线的电离能力强、射程短、致伤集中，它进入肌体内照射产生的危害大，贝塔、伽马射线较次之。伽马射线的穿透能力最强，体外照射危害性最大，贝塔、阿尔法次之。

人体受到过量的放射线照射所引起的疾病称为"放射病"。放射污染对人体的危害可分为急性、慢性和远期影响。

1. 急性放射病

它是由于大剂量照射引起的，一般出现于发生意外放射事故和核爆炸时，不同剂量照射的躯体会出现不同程度的伤害，甚至死亡。

2. 慢性放射病

它是由于多次照射、长时间积累引起的。放射性物质进入环境后，加入环境中的物质循环，不仅产生外照射，而且还通过呼吸、饮水和食物链以及皮肤接触进入人体内产生内照射。内照射因放射性物质的种类、浓集量和分布器官、组织不同，危害程度也不同。主要危害为白血球减少、白血病（俗称血癌）等。白血球数量减少，是人体对放射性照射的最敏感的反应之一。局部危害如：当手受到照射损伤时，指甲周围的皮肤发红、发亮，指甲变脆且常变形，手指皮肤光滑、失去指纹、无感觉，随后发生溃烂。

3. 远期影响

它是由急性、慢性危害导致的潜伏性危害。例如照射量为 150 拉德（辐射吸收剂量）以下，死亡率为零，但在 10 ~ 20 年以后，其结果才表现出来。躯体效应有白血病、骨癌、肺癌、卵巢癌、甲状腺癌等各种癌症和白内障等；遗传效应有基因突变和染色体畸变，在第一代表现为流产、死胎、畸形和智力不全等，在下几代可出现变异、变性和不孕等。

除了军事上和工业上应用高能量核装置之外，放射线作为一种高科技资源，越来越多地应用到各个领域。新型医学检测和治疗仪器大多利用放射原理，X 光透视机是较早使用在医学领域的仪器之一。在攻克癌症的进程中，人们发现，利用放射性同位素对病体组织有选择地聚集与内照射，或直接用放射线照射病组织和细胞，使病体细胞受到抑制或破坏，可以达到有效的治疗目的。

如何应对紧急核泄漏

在境外，核泄漏现象时有发生。核泄漏可能会产生大量的射线和放射性物质（即核辐射）。核辐射通过直接照射人体或者通过呼吸、吃东西、皮肤污染等危害人的健康，可导致人死亡或对人产生中长期的危害，出现疲劳、头昏、失眠、皮肤发红、溃疡、出血、脱发、白血病、呕吐、腹泻等症状。有时会引发肿瘤、畸变以及血液疾病（如白血病）的发生，甚至可影响几代人的健康。因此，当遇到核泄漏时，要听从当地政府和有关部门的统一指挥，不轻信谣言或小道消息。尽快采取以下方法应对：

要迅速远离放射性污染源。有条件的，还要尽快穿上正规的防护服。

当从电视上或广播里得知核电厂、核反应堆发生事故时，若在室内，要尽快关闭门窗和所有的通风系统；若在室外，要用随身携带的手帕、纸巾等捂住口、鼻，或用衣服、头巾、雨衣、手套和靴子等对体表进行防护，以防放射性粉尘进入体内或粘在体表。迅速向风向侧面跑，躲避到人防工程、被屏蔽材料（如混凝土、铁、铅等）屏蔽的空间等安全场所。

当衣服和皮肤受到污染后，要小心脱去衣服，然后仔细清洗手、脸、头发和其他裸露部位等。

应急注意事项：

（1）当周边发生核泄漏时，应服从相关部门的安排，携带适量必需品，有序地撤离到指定地点，不要擅自行动。

（2）从污染区撤出后，要及时清洗，并将脱掉的衣服集中销毁、掩埋；同时积极配合医疗部门进行体检。

重要预防措施：

（1）注意远离挂有核辐射标志的地区。

（2）禁止食用被核污染的食物和水。也不运输、销售来自于控制区范围内的食物和饮用水。

平时饮食上要加以注意。

抗辐射食品应以优质蛋白、多维生素（海带、卷心菜、胡萝卜、蜂蜜、枸杞等）、少脂肪、多植物油，以及营养全面、数量充足为原则。同时，适当吃一些糖，以防止消化道损伤。多喝水，以加速放射性元素随尿液排出。

近几年来，国外时有核泄漏事件发生，那么，当我们身处国外遇到核泄漏事件时应该如何应对呢？

1. 辐射防护的方法有哪些

对于外照射来说，可以通过三种途径减少外照射：

（1）远离放射源。离放射源距离越远，人体吸收的剂量就越少。

（2）减少受照射时间。受照射时间减少一半，照射剂量也会减少一半。

（3）利用屏蔽物质防护。射线在通过物质时，能量会减少。所以在放射源与人体之间加装屏蔽物能起到防护作用。铅的屏蔽作用最好，水、铁、水泥、砖、石头等也较常用。

对于内照射防护来说，为了防止放射性微尘的吸入，应尽量减少扬尘，或者可通过改变路线、浇湿地面等减少扬尘。戴口罩也可以防止吸入微尘，其阻止放射性微尘的效果可达80% ~ 90%。另外，当怀疑食物和水受到污染时，应当及时检测。

2. 发生核泄漏时，如何进行隐蔽

在放射性物质大量释放的核事故发生时，隐蔽是一种比较容易采取的、也可能是非常有效的防护措施。当接到应急隐蔽的通知后，应该迅速进入砖墙或混凝土结构的建筑内，关闭门窗和通风系统，以避免或减少辐射对人体造成的危害。事实证明，这类建筑可将辐射降低 90%，甚至更多。但在隐蔽一段时间（一般不应超过两天）之后，此时房间内空气中的放射性核素浓度会上升，因此要进行通风。

3．在什么情况下，需要采取撤离措施

撤离是指人们从住所、工作或休息的场所紧急撤走一段时间，以避免或减少与核辐射的接触，这是在泄漏的放射性物质量较大时在早期和中期采取的一项防护措施。但因为实施撤离行动可能遇到时间紧迫、困难较多、风险较大等问题，易造成混乱，因此对采取撤离行动应持谨慎的态度。在行动之前应做好充分的准备工作。

接到撤离的通知后，要注意以下几点：

（1）不要恐慌，做好准备工作，携带少量生活必需品和贵重物品；

（2）关掉水、电、煤气等设备，锁好门窗；

（3）提醒、帮助邻近的老弱病残人员；

（4）相信政府，不要听信谣言；

（5）服从现场指挥，有秩序、有组织地撤离。

在切尔诺贝利核电站事故发生后半个月内，当地共撤离了 13.5 万人和 18.6 万头牛。因准备充分、组织有效、管理良好，撤离过程中未发生交通事故。但 1979 年 3 月 28 日发生的美国三厘岛核电站事故，因组织混乱、信息阻隔，电站周围几十公里内的群众自发撤离，造成了混乱和极坏的社会影响。

4．出现放射性污染伤员时，应该如何自救、互救

严重的核事件发生，可能引起放射性损伤，如全身外照射损伤、体表放射性损伤和体内放射性污染等，也可能发生各种非放射性损伤，如烧伤、冲击伤和创伤等。在专业的应急救护人员到达之前，现场公众应及时自救、互救，这不仅能

使伤员得到及时救治，也能提高抢救的效率。这时的主要任务是发现和救出伤员，对伤员进行初步的医学处理，抢救须紧急处理的危重伤员。根据不同的受伤情况可以进行以下抢救：

（1）挖掘被掩埋的伤员；

（2）灭火并使伤员脱离火灾区；

（3）简易包扎、止血、遮盖创伤面；

（4）清除口鼻内的泥沙，以防昏迷伤员窒息；

（5）简易除污染。伤情不重的伤员可送至普通医院进行观察和治疗。中度或重度急性放射病、有严重体表污染和体内污染的病人，要在专家的指导下救治并送往专科治疗中心。

第五章

遇灾避险
——境外突发自然灾害

TIAN DUN AN FANG

　　近年来，全球天灾人祸不断，日本大地震、印尼地震等更是引发了一系列灾难，让人触目惊心。那么什么是自然灾害呢？"自然灾害"是人类依赖的自然界中所发生的异常现象，自然灾害对人类社会所造成的后果往往是灾难性的。自然灾害有地震、火山爆发、泥石流、海啸、台风、洪水等等，它们都给我们的出行和生活带来了极大的影响。

引例

　　2013 年 11 月超强台风"海燕"当地时间 8 日凌晨登陆菲律宾，肆虐菲律宾多个城市。不仅给菲律宾人民的财产造成了巨大的损失，而且数以万计的民众失去了生命，这是近年来最大的一次台风灾害。

　　2013 年 2 月 25 日下午 4 点 23 分左右，日本栃木县北部发生里氏 6.2 级地震，震源深度约 10 公里。随后，六日町和日光市附近又先后发生了 4.5 和 4.6 级的余震。地震发生时，东京市区震感明显，建筑物有明显摇晃。地震造成该县出现山体滑坡，部分道路中断，一些山区的住民被困。栃木县政府称，县内著名的观光胜地日光的奥鬼怒温泉因为道路崩塌，4 家温泉旅馆的约 50 名旅游者和工作人员被困。

　　目前，出境旅游的朋友越来越多，由于游客一般对目的地国家不熟悉，加上语言障碍，一旦发生意外，很难得到及时救助。所以，我们在境外旅游时必须掌握一些自然灾害安全防范常识。

遇到地震怎么办

地震灾害具有突发性、不可预测性、频度较高等特点，并会产生严重次生灾害，对社会也会产生很大影响。地震的危害主要体现在以下两个方面：

第一，对环境的危害

地震对环境的破坏包括两个方面的内容：一是对自然环境的破坏，二是对人工设施的破坏。

（1）地震对自然环境的破坏。

地震对自然环境的破坏是指地震对自然物（山体、地面、江河、海水等）的冲击和破坏。如山体在地震作用下崩塌或滑坡，地表裂缝、塌陷、上隆或喷水冒砂，海水或江河湖水激起的波浪乃至发生海啸等等。

自然环境在地震中破坏严重且造成重大灾害的事例，如 1960 年 5 月 22 日智利 8.5 级大地震。在这次大地震中，几乎同时发生了地面沉陷、山崩、滑坡、火山爆发、海啸。地面沉陷：从爱森到瓦尔迪维亚南北长 480 千米、东西宽 19 千米的地段沉陷达 2 米；山崩：引起了数以千计的山崩，堵塞了许多河流；滑坡：瑞尼特湖区发生了三次大滑坡，泥石量分别为 300 万立方米、600 万立方米、3000 万立方米，泥石横流，涌进湖内，使湖水上涨 24 米而外溢；火山爆发：火山云升入 6000 米的高空，火山物质沿着火山口两旁约 300 ~ 400 米处的裂缝喷吐出来；海啸：在扫荡了智利沿海地区后，又向西横越太平洋，相继洗劫了新西兰、夏威夷、菲律宾和日本等国海岸。

（2）地震对人工设施的破坏。

地震所造成的人工设施的破坏主要表现在以下几个方面：破坏建（构）筑物，如房屋、设施等；破坏生命线工程，主要指水、电、交通、通信设施等；恶化工农业生产条件，如中断水源、能源，破坏农田、水利设施等。

发生在人口密集的唐山地震，对人工设施造成极其严重的破坏，几乎将唐山市的建筑全部摧毁，仅公产房就摧毁了1043万平方米，约占全市房屋总数的77%。全市供水、供电、通信等生命线工程均遭到破坏，占京津唐电网发电量30%的发电设施被毁；15个市、区、县的通信全部瘫痪；京山线及市内铁路45%的设施遭到破坏；蓟运河、滦河上的两座大型公路桥梁塌落，切断了关内和关外的公路交通；市区供水管网和水厂建筑物、结构物、水源井破坏严重，全市供水中断。

第二，地震对人类生存的社会环境的破坏

地震对人类生存的社会环境的破坏包括两个方面：对社会组织的破坏和对社会功能的破坏。

（1）对社会组织的破坏。

社会由各类组织构成，组织由成员（领导者和普通成员）、传递和沟通信息的渠道与方法及必要的物质条件构成。地震会使组织成员伤亡，会造成信息沟通渠道的阻隔，也会摧毁组织的物质条件。

（2）对社会功能的破坏。

社会功能亦称社会职能，它包括经济功能、政治功能和思想文化功能等。首先，地震会造成大量人员伤亡。如唐山大地震造成24.2万人死亡，70多万人受伤。又如2004年12月26日印度洋地震大海啸夺去25万人的生命，50万人受伤，100万人流离失所，比1960年5月22日发生在智利的矩震级9.5级大地震和海啸造成的死亡人数多达数十倍。人员的伤亡，会损伤乃至摧毁社会组织，破坏社会的多项制度，中断社会文化正常传播，因此必然要损伤或破坏社会的功能。所有这一切破坏和损失，使人类多年的建设成果毁于一旦，严重阻碍了社会目标的实现和社会的进步发展。

值得指出的是，地震对社会环境破坏的影响是巨大的。虽然这种破坏造成的灾难可以具体地表现为某一事件，然而却可造成诸如经济失调、金融危机、社会秩序混乱等综合效应。

通过上面的介绍我们知道地震的危害是巨大的，那么，当地震发生时我们该如何进行自我保护呢？

地震的致死因素主要是房顶塌落和灰尘呛闷，所以自救的防范目标就是应针对落顶和呛闷采取措施，宁可受伤不要丧命。

（1）室内避震。为方便于他人救助，室内的避震位置宜"近水不近火，靠外不靠内"。

居住在平房的，震时正好在窗口或大门附近，屋外又是空旷区，附近又无高大建筑物，应当充分利用十几秒钟的时间跑出室外，如果来不及，要以比桌、床高度低的姿势，躲在桌子、床铺的旁边或紧挨墙沿下和坚固的家具旁，趴在地上，保护好头部。

居住在楼房的，要针对天花板的塌落位置迅速躲靠在支撑力大而自身稳固性好的物体旁边，如铁皮柜、暖气、大器械旁边，但只能靠近支撑物，不能钻进去。也可躲进跨度较小的房间，如厨房、卫生间等。切记，不要上阳台，不要使用电梯，千万不要跳窗或跳楼。当闻到有毒气体时，应用衣物捂住口鼻；正在用火时，要立即关掉煤气或电源后迅速躲避。在车站、商店、地铁、剧院、教室等公共场所时，切忌拥向出口，防止摔倒、踩伤、挤伤，要把双手交叉放在胸前，保护自己，用肩和背承受外部压力。要保持镇静，可就地蹲在排椅下避震。

（2）户外避震。地震发生时正在户外的人员，应双手交叉放在头上，最好用合适的物件罩在头上，跑到空旷的地方去。注意避开高大建筑物、狭窄巷道、围墙，尽量远离高压线、高烟囱及石油、化学、煤气等有毒的工厂或设施；正在行驶的车辆应紧急停在开阔处；过桥时紧紧抓住护栏，待震后向桥头转移；如果正在停车场，千万不要留在车内，以免垮下来的天花板压扁汽车，造成伤害，要以卧姿躲在车旁，掉落的天花板压在车上，不致直接撞击人身，可能形成一块"生存空间"，增加存活机会。山区居民还应注意山崩、滚石、滑坡、泥石流的威胁。

埋在废墟中如何求救

如果在地震中被埋在废墟中，自救之外向外界求救是最重要的。有效的求救方式能够大大增加自己成功被救出的机会。因此，被埋压者要根据自身的情况和周围的环境条件，发出不同的求救信号。一般情况下，重复三次的行动都象征寻求援助。

遇到危难时，除了喊叫求救外，还可以吹哨子、击打脸盆、木棍敲打物品、斧头击打门窗或敲打其他能发声的金属器皿，甚至打碎玻璃等物品向周围发出求救信号。

遇到危难时，利用回光反射信号，是最有效的办法。常见工具有手电筒以及可利用的能反光的物品如镜子、罐头皮、玻璃片、眼镜、回光仪等。每分钟闪照6次，停顿1分钟后，再重复进行。

当听到废墟外面有声音时，要不间断地敲击身边能发出声音的物品，如金属管道等，向外界求援。

确切地说，这些求救方法的核心，首先是遇难者身处险境时，在听不到救援人员到来的情况下，不要胡乱挣扎，空耗自己的体力，而是要极力保持镇定，等待救援人员的到来。

其次，在听到救援人员的声音后，如果自己的声音足以让救援人员听到，就可以大声呼救；如果自己被深埋在废墟下，喊出去的声音不足以让人听到，就要靠振动力来暴露自己。钢管的声音最脆亮，墙壁的声音震动力最强，所以，这样的方法最有效。

再次，在既没有钢管，又没有墙壁可敲的情况下，应该怎么办呢？这就需要遇难者细心观察，四周有没有气孔，如果有，就可以摸到一些细长的小木棍或者小树枝，伸到气孔外面去摇动，吸引救援人员的目光，让他们及时发现这里还有生命存在。

　　总之，求救的方法还有很多，关键是在遭遇灾难时，要保持高度冷静，细心观察什么东西可以拿来暴露自己。但需谨记的一点是，靠器物来暴露自己的方法，最好在白天使用，因为黑夜一般是不容易被人发现的；而靠声音来暴露自己的方法，最好在黑夜使用，因为黑夜比较安静，声音传出更清晰。

地震中受伤如何自救

地震发生后，无论是被埋压的人，还是设法脱险的人，身体上都可能或多或少地有伤。由于专业的医疗救援队伍不能马上赶到，所以在人员、药品短缺或供应不足的情况下，进行一些地震伤害的自救措施，对于地震受伤者来说非常重要。另外，震后对身体伤害的及时自救，在另一个角度上看也是进行专业医疗救助的准备和前提。以下为一些自救措施。

1. 不要堵塞头部外伤出现的耳漏鼻漏

地震对人体的伤害主要有建筑物坍塌引起人体机械性外力伤害、掩息性损伤、震后水电火气等引起的次生伤害三个方面。震中由于打、砸、弹击、撞、撕拉、震动、挤压、碰跌等方式很容易引起颅脑损伤，颅骨骨折经耳朵和鼻子流出脑脊液，此时不少人习惯性的做法是仰起头或堵住耳朵或鼻子。殊不知，这样做很容易导致颅内压升高，加重颅内损伤，并且回流液体也容易导致严重的颅内感染。

2. 锐物刺入胸部时不要拔出

震中，建筑物坍塌很容易导致锐利的器物刺入人体胸部，此时，很多伤者习惯性的动作是顺手将锐器拔出。要注意，这是非常错误的做法。原因有两点：首先，在没有救护措施时突然拔出器物很容易造成血管破裂，大量出血，危及生命。

其次，在拔出锐器的瞬间空气很容易进入负压胸膜腔，造成气胸，引发纵膈摆动，挤压心脏而停跳。正确的做法是先用手稳固住插入物，也可简单用布条（紧急情况时可用衣服等代替）轻轻束缚住锐器刺入部位，避免剧烈活动，等待或寻求救援。

3. 肠子外露不要往回塞

肚皮是人体上很薄很脆弱的部位，一旦在震中受伤，很容易造成肚皮被刺破使肠子脱出。遇到这种情况，大家的下意识动作是用手托住脱出的肠子往肚腔里塞，这也是十分错误的做法。原因有三点：一是脱出肠子很容易被感染，在没有医疗条件的情况下，自己往回塞很容易导致严重的腹腔感染；二是盲目地回塞肠子时，容易使肠子扭塞，导致机械性肠梗阻；三是脱落出的肠子很可能已经被刺破，回塞容易导致一些粪便等脏物透过肠壁溢出，导致严重的腹膜炎。

4. 不要用泥土糊皮肤破损出血处

民间有种说法，对于皮肤破损出血的情况拿泥土糊上去可消炎止血，这其实是错误的做法。泥土中含有一种厌氧菌——破伤风杆菌，用这种方法不仅起不到消毒止血的功效，还很容易导致破伤风，重者致命。

5. 身体被砸后不要"轻举妄动"

震中倘若遇到被砸的情况，首先要考虑骨折的可能性。那么在自救的过程中，要避免被砸部位的活动，防止骨折断端受到二次伤害，加重血管和神经的严重损伤。可因地制宜，找两个小木棍之类的东西越过关节夹住骨折部位，再用绳或布条缠绕，以远端指趾不麻木为宜，就会起到良好的固定作用。

抢救地震中受伤的人

地震发生后，抢救受伤人员是一项非常紧迫的任务。人命关天，抢救一定要科学，要谨慎，不能鲁莽行事。下面来介绍一些抢救伤员的基本常识。

（1）确认伤员是否有意识

在轻轻拍打患者双侧肩部的同时，在伤员耳边轻轻呼叫。不可以用力敲打患者头部。在解救休克病人时，掐"人中"穴位会起到一定的作用。

（2）保持患者呼吸畅通

伤员平躺，解开衣领，松开领带，将下颚抬高，头部后仰。不能让患者的下颚靠近胸部，通过观测伤员胸部起伏及检查鼻息来判断伤员呼吸情况。如果情况紧急，要进行人工呼吸。人工呼吸时需要注意，用手捏住患者的鼻子进行吹气，每次吹气之间要有一定的间隙。如果是成人，人工呼吸每分钟应为 16～18 次。

（3）假如伤员有异物刺入胸部或头部时

一定不要马上拔出异物止血，要用毛巾等柔软物将其固定住，不要让伤员乱动，不要碰触受伤部位。快速送往医院救治，急救途中尽最大努力减少震动，并把伤者的头转向一侧，便于清除呕吐物。在没有接受医生检查时，头部发生创伤的人员，要减少不必要的活动。不能给受伤人员服止痛片止痛。

（4）判断伤员是否骨折

骨折的专有表现是：畸形；骨擦感或骨擦声，即骨折断端相互摩擦时，可以感觉到骨擦感或骨擦声；活动异常，在没有关节的部位，骨折处会发生异常活动。这是骨折的三个专有特征，只要发现其中一种，就可以判断骨折。

（5）救助骨折伤员

首先将断骨跨关节固定，固定时要注意松紧适度，不能太松也不要太紧，以不影响血液流通为宜。开放性骨折伤要用无菌敷料包扎伤口，如果现场没有无菌敷料，可以用清洁的布类包扎。有些伤员大血管损伤，包扎不能止血，可用止血带止血，上止血带肢体远端血流几乎完全被阻断，注明上止血带的时间，或用血管钳钳夹止血及结扎。骨折断端外露者，现场不要复位，立即送往医院治疗。

（6）脊柱骨折伤员的搬运方法

为了避免脊柱弯曲扭动加重伤员伤情，伤员上下担架应由 3 ~ 4 人站在伤员同一侧，双手分别平托伤员头、胸、臀、腿，并保持动作平稳、一致。千万记住不能一人抱腿，一人抱胸搬运。最好用长宽相等、坚硬的床板、门板运送。软担架容易使骨折加重，有可能还会进一步加重脊髓神经损伤，因此，不要使用软担架。

（7）断肢、断指的处理方法

用无菌纱布将断肢或断指包好，放入清洁的塑料袋中，并将其放入 0℃ ~ 4℃ 的低温环境中，与受伤人员一同送往医院。不能用水清洗断肢、断指，更不能把断肢、断指放入盐水中。

（8）出血的处理方法

在没进行处理前，先对伤员出血情况进行判断，然后根据具体情况来决定该如何处理。如果是毛细血管出血，不需要使用指压包扎法，用普通包扎法就可以。如果伤员是严重的外伤出血，应直接用布料包裹，制止出血。如果伤员是动脉出血，要在伤口近心端使用止血带，同时注明上止血带时间。

（9）绷带包扎的方法

触电、塌方、溺水、火灾和煤气泄漏是地震引起人体损伤及其死亡的重要原因。其中致伤最多的是塌方。伤者被建筑构件砸死、砸伤，甚至掩埋或围困在瓦砾、土石等废墟之中，很多伤情严重者还没来得及抢救就死亡了，也有很多人被沙土掩埋口鼻窒息而死。地震致伤中死亡率最高的是颅脑损伤和头面部伤，早期死亡率可在 30% 左右。挤压伤和上下肢骨折占 40% ~ 60%，脊柱骨折占 10% ~ 15%。骨折一般是复合性、多部位的，抢救起来十分困难。腹部外伤虽然死亡率仅为 4%，但容易造成内脏大出血而导致早期死亡，需要及时送医院进行急救。

海啸发生的预兆

是否掌握了海啸登陆前兆的知识，对于在海边生活、工作、旅游的人们来说是关系到生死存亡的重大问题。因此，如果我们在境外出差或旅游时，学习一些海啸登陆前兆的知识是非常必要的，它不仅可以帮助人们化险为夷，也可以使海啸所造成的损失大大降低。地震引发的海啸登陆之前，会有一些非常明显的宏观前兆现象。

在 2004 年 12 月 26 日印度尼西亚苏门答腊近海 8.7 级地震海啸中，死亡人数超过了 30 万。造成如此严重灾情的重要原因之一，就是大多数遇难者没有海啸前兆知识，看见了或听到了非常明显的宏观前兆现象，却不知道是海啸袭来，毫无防备。而具有海啸登陆前兆知识的人，在看见或听到海啸现象后，立即采取紧急行动，成功地逃过了一劫。

由此可见，学习海啸登陆前兆知识很重要，因为它随时影响着我们的生命。只要把预防海啸的经验和知识宣传普及到家家户户，人人皆知，就算还没有建立海啸预警机制，没有发布海啸警报，也可以发挥出意想不到的减灾作用，进而产生巨大无比的减灾效果。

海啸前兆的具体现象如下：

（1）地面强烈震动

地面强烈震动是地震海啸发生的最早信号，地震波与海啸因为传播速度不同，中间会有一个时间差，这非常有利于人们采取措施提前预防。地震是海啸的"先锋队"，感觉到较强震动的时候，不要轻易靠近海边或是江河入海口。在沿海地区，如果得知附近即将发生地震，一定要提前做好预防海啸的准备。海啸有时也会在地震发生几小时后到达离震源几千公里远的地方。

（2）浅海区域突然出现一道"水墙"

在海边的时候，如果看到在离海岸不远的海面，海水突然变成了白色，同时在它的前方出现一道"水墙"，则很有可能是因为地球的断层出现破裂，并垂直移位数米，将巨浪海水排出海床，把海浪推出数千千米，形成"水墙"。海啸形成之后，海啸波已由远海传至近海，前浪的波速会逐渐减慢，但后浪的波速仍然很快，当两股浪潮融合在一起时，海水陡然增高，就会出现几米甚至几十米高的巨浪。海啸的排浪不同于通常的涨潮，海啸的排浪非常整齐，浪头很高，像一堵墙一样，这就是人们常说的一道"水墙"。这样的排浪是海啸的专有特征，看到这样的预兆需要尽快设法逃生。

有记载的第一次引发大海啸的大地震，是发生在 1960 年 5 月 22 日的智利太平洋沿岸的矩震级 9.5 级地震。该次地震世所罕见，不仅震级第一，破裂长度第一，而且还造成了海底地壳变形范围达到 700 平方公里。在智利 500 公里长的海岸上，海啸造成的波浪最高达到 25 米，平均波浪高度也有 8 ~ 9 米。海啸以最快的速度横越太平洋，在地震之后 14 小时在日本登陆，并形成 6 ~ 8 米的大浪袭击了日本沿岸，使日本沿海受灾十分严重。

第二次大地震的发生还让人记忆犹新，2004 年，发生在印度尼西亚苏门答腊西北近海的 8.9 级地震。地震引起的海啸浪高达 10 米，横扫印度尼西亚、斯里兰卡、印度和泰国沿岸。地震所引起的海啸需要半个小时才到斯里兰卡，到泰国和马来西亚西海岸则需要一个小时的时间。而人们只要 15 分钟就能走到内陆安全地区，却因当地缺乏报警系统和人们对灾难异象的无知而导致惨痛悲剧的发生。

（3）海水突然出现暴涨和暴退现象

海面出现异常的海浪。当海底发生地震时，因震波的动力而引起海水剧烈的起伏，会形成强大的波浪。而海底的突然下沉，海面上的水流也会相应地流向下沉的方向，出现快速的退潮。这种现象在距震中数百公里以内的沿海经常能够看到，一般发生在大地震后的 10 ~ 20 分钟。当海水出现这种异常现象时，一般距海啸的时间最短只有几分钟，最长可达几十分钟。由于海啸的能量释放是通过作用于水来传播的，一个波与另一个波之间有一段距离，这个距离，就是海啸来临前的最佳逃生时间。

海啸来袭之前，海水一般总是突然退到离沙滩很远的地方，一段时间之后海水又重新上涨，为什么会出现这种情况呢？这主要是因为地震发生时会造成海底地壳大幅度沉降或隆起，使海水大量聚集转移而形成的。

通常情况下，出现海平面下降的现象是因为海啸冲击波的波谷先抵达海岸。波谷是波浪剖面低于静水面的部分，如果它先登陆，海面势必下降。同时，海啸冲击波不同于一般的海浪，其波长很大，所以在波谷登陆后要经过一段相当长的时间，波峰才能抵达。但是，这种情况如果发生在震中附近，那它的形成就另有原因了。地震发生时，海底地面出现一个大面积的抬升和下降，这时，震区附近海域的海水也会随之抬升和下降，从而形成海啸。

2004年，印尼大海啸之前的几天，在马来西亚的吉打，来自沿海村落的渔民打到的鱼是平日的10多倍，他们只是认为这种异常的现象是来自上帝的礼物。海水的情况也很奇怪，涨潮的时候比平时涨得高，退潮的时候也比平时退得远。海啸的最后一个预兆出现在海啸发生当天，当时大大小小颜色各异的罕见鱼类纷纷被海水抛落到海滩上，海面也开始"奇怪"地翻滚。当渔民看到岸边的海浪突然后退了100米，几分钟之后几层楼高的滔天巨浪向岸边汹涌扑过来的时候，人们才意识到灾难降临了。

（4）大量的鱼游至岸边

浅海出现大量深海鱼类。深海和浅海不同，两者之间有着巨大的环境差别，深海鱼类更适合在深海生存，绝不会自己游到浅海，出现此种反常现象，就是一个预兆，它们很可能是被海啸等异常海洋活动的巨大暗流卷到浅海的。例如，印尼地震发生前几天，出海打渔的渔民每天打鱼的数量剧增，而且有许多平时罕见的鱼类。当地的沙滩上也出现了很多本应该生活在2000米以下深海中的鱼类。所以说，深海鱼出现在近海的异常现象，就是海啸来临前的预警，必须高度重视，及时做好充分的防御措施以减少人员伤亡。

（5）海面上冒出很多气泡，并发出"滋滋"的响声

当你在海边游玩或嬉戏时，如果突然发现海水像"开锅"一样，海面上冒出

许多大大小小的气泡，这种现象是海啸将要出现的征兆。

（6）动物出现异常行为

动物比人类敏感，在各种灾害到来之前能够比人类更早地察觉到这种危险的存在，所以种种动物的异常行为也可以给我们提供一些有效的海啸前兆的信息。比如，当众多的海鸟突然从你的头上惊恐飞过，你应该有所警觉，这很有可能是它们受到远海狂浪的惊吓所致，或许它们已提前感受到此海区的异常。曾有一次海啸来临前，大象惊恐，发出不同寻常的刺耳吼声，引起人们的注意并及时采取预防措施进行逃生，从而拯救了数十位国外旅游者的生命。

海啸逃生自救术

什么是海啸？简单地说，就是海洋里发生的地震。地震波在海水中传播的速度极快，每小时可达 700 ~ 800 公里，波长可达 100 公里以上，但波高却与平常的海浪相当。因此，在深水的汪洋里，海啸就不大容易被发现，但在浅水海域里，特别是海边滩地上，情况就不同了，那里的波长显著缩短，波高则迅速增高。当其冲击海岸时，波高可达 10 ~ 20 米，最高的可达数百米，形成巨大的波涛，顷刻之间就可以摧毁堤岸、码头、建筑物，其破坏程度是很惊人的。例如 1896 年 6 月 15 日发生在日本三陆海岸的 8.2 级地震后的海啸，将正在欢度节日的 2.7 万居民冲走，毁坏房屋万余幢，当时的浪涛高达 38.2 米。1933 年日本三陆海岸发生 8.1 级的大地震时，沿海地区掀起的巨浪高达 27.7 米。海浪以每小时 750 公里的速度向东推进，10 小时以后，传到旧金山，20 小时以后，传到南美洲的智利北部，并使那些地方遭到一定的损失。

1946 年 4 月 1 日，阿留申群岛以南海域发生 8.1 级地震引起海啸，传到夏威夷时，人们正在熟睡，听到狂啸的声音，赶忙跑到门外，已是汪洋一片，人们又纷纷往高地逃跑，还没站稳脚跟，又一阵巨浪扑来，几经反复，当场就冲死 150 人，财产损失达 2500 万美元。当时夏威夷群岛的乌尼马克岛的海浪高达 30 米。

1964 年 3 月 28 日，阿拉斯加发生 8.4 级的大地震，震中附近的断层上升 17 米，引发海啸，浪涛高达 9 米，也造成重大伤亡。在瓦尔迪兹港，浪涛竟高达 30 米。

1983 年 5 月 26 日正午，日本秋田县近海发生 7.7 级地震，引起海啸，浪高

14.9 米。在海边玩耍的 13 名小孩，一浪就把他们卷走了。在长达 8 小时的海啸中，100 多人失踪。海浪上岸后，到距岸 800 米处，翻越过 14 米高的小山丘。

1993 年 7 月 12 日晚 11 时 17 分，日本北海道西南海岸发生 7.8 级大地震，并引起海啸，虽然这里比较偏僻，但还是夺去了 202 人的生命，28 下落不明，百余人受伤，500 多栋民房顿时化为一片废墟。事后，据日本气象厅称，震源在奥尻岛附近，深度约 35 公里。当地震发生后五分钟，海啸警报声四起，但是，还未等奥尻岛南部的青苗地区的居民逃离现场，高达 10 米的海浪就已经越过海堤扑面而来，无情地将人们连带房屋吞噬掉。海啸过后，液化气燃烧，大火借猛烈的东风迅速蔓延开来，一时间，一片火海，350 栋民房被熊熊烈火化为灰烬，230 栋民房被海浪卷走，连海边的渔船也无影无踪。这次强烈的地震以及引发的海啸，事前没有任何预兆。但从地质构造看，当地处于西太平洋的深海沟上。

此外，如印度尼西亚，由于火山爆发，也引起过海啸。1883 年 8 月 26 日那一次的海啸，使苏门答腊海滨 6500 余艘船只被海浪吞没，36417 人丧生。32 小时后，海浪直抵英国和法国的岸边。

通过上述事例我们可以看出，海啸的发生会给我们带来巨大的灾难，因此，当海啸来临时我们要掌握一定的自救术。

（1）海边的游客及其他人员，平时应注意广播、电视的预报消息，观察海边的潮流动向，把船舶、浮桥等海上漂浮物牢牢地系在柱子上，房屋和围墙要加以修补，把容易漂浮的家具固定起来。

（2）一般说来，地震后 30 分钟左右发生海啸。但个别海啸在震后 7 分钟就会出现。在浅而狭窄的海湾，海啸带来的灾害比较大。地震后，当发现有异常的潮退现象时，要立即避难，避难应选择山涧两侧的斜坡或高的小丘以及地基结实的高地，疏散时要避开狭窄的胡同和建筑物密集的地方，当来不及到达高地时，可以就近选择到高大坚固的建筑物上暂避一时。

（3）发现有海啸的危险时，如果正在驾车行驶，应尽快离开低洼海岸开到高地上；停泊在港湾的船只，应迅速驶出港湾。因为海啸波浪不会发生一次就平息下去，而是间隔一段时间会重新扑来。所以避难时间要 1.2 小时，切勿一次涌浪过后即回低洼地。

（4）万一被海啸卷进海中，需要沉着、冷静，见机行事，因为自己有可能会被第二次或第三次涌浪推上岸来。如果正巧被浪推上岸来，应及时抓住地面上牢固的物体，以免被再次卷入海中。

身处孤岛如何自救

美联社曾报道，一名印度男子在海啸中侥幸逃生，他在一个荒岛上挨过了25天后终于等到救援人员。

海啸发生时，这位名叫迈克·曼嘎尔的男子不幸被海浪卷入海中，之后又被巨浪打到岸上，并被困在一座孤岛上。尽管受了伤，但曼嘎尔仍顽强地靠岛上的椰子存活了下来。后来，他把自己身上的衣服脱下，做成一面旗帜。

当救援人员乘救生艇接近荒岛时，意外地发现有类似旗子的东西在岸上摇摆。等他们靠近岸边，才发现只穿着内裤，正拼命挥动外衣的曼嘎尔。

海啸造成了太多沉重的悲剧，但也创造了许多大难不死的奇迹。曼嘎尔就利用自己的智慧，拯救了自己的生命。

在境外，如果深陷孤岛，不仅要找到水源和食物保证生命的延续，更要积极向外界发出求救信号，争取得到救获。这里有几种不同的发求救信号的方法，可以根据你所处的环境，选择使用可利用的材料资源。

1. 衣服

这是身边最方便使用的资源。可将衣服放在地上或者放在树顶上，抑或看见有船、飞机经过，可系在一根木棍的顶端，高举晃动，以吸引人们的注意力。最好选择那些色泽鲜艳的衣物，或者和周围颜色对比明显的物品，将它们排成大大的几何图案，使之更容易被发现。

2. 火

在黑暗中使用火来发信号最有效。找到干木材，生起一堆火，注意看护好不要使它熄灭。有条件的话可以生三堆火，让它们排成三角形。这是国际通用的受困求救信号。

3. 烟

白天烧火不太明显，就可以用烟来吸引注意力。需要注意的是如果背景是浅色的，那么使用黑烟，往火里加一些橡胶、浸过油的碎布等就会产生黑色的烟。如果背景是深色的，那就使用白烟。在火上加一些绿色的树叶、苔藓，或者浇一点水，烟就会是白色的。不过只有在风和日丽的日子用烟才比较适合，大风、雨、雪都会将烟驱散，效果不好。

4. 反光镜或闪光物

利用光的反射，也能让你被他人发现。尤其在晴朗的白天使用镜子做反射最好。如果没有镜子，可以磨光你的水杯、皮带扣，或者其他类似物体。用反射光发求救信号时最好到地势最高的地方去发，如果看不到飞机，那就朝着飞机发出声响的方向发信号。如果天气阴霾，那使用此法则很难被飞行员看到。如果你身边有手电筒，那晚上使用手电筒发射求救信号也很好。

5. 天然材料

如果没有其他方法，你也可以利用天然材料来组成可以从空中看见的符号或信息。你可以堆一些可以投射阴影的土堆，或者可以利用任何类型的灌木、树叶、岩石或者雪块等。

火山爆发逃生自救

　　暑假期间，张平和家人去美国旅行，他们乘坐的轮船航行在平静的太平洋洋面上，巨轮经过一夜的航行，张平也和家人在船舱里闷了一宿。第二天一早，张平就迫不及待地爬出船舱，想要跳到甲板上去欣赏美丽的海景。这时候轮船驶到了一个太平洋中的不知名的小岛旁边。张平刚刚来到甲板上，还没有看一眼海景，就听见不知从何处传来的震耳欲聋的爆炸声，船舱里的旅客也被这爆炸声吸引，纷纷跑出房间，想看个究竟。此时爆炸一声比一声大，紧接着，一条巨大的火龙从对面小岛上冲天而起，笔直地喷向晴朗的天空。一瞬间，无数的石雨、大量的熔岩和黑烟喷向几百米的高空，太阳一下子消失了，天空被烟尘所遮蔽，人们一下子被黑暗所包围。紧接着，数以千计巨大的石块砸向轮船。一股炽热的气浪，夹杂着毒气扑面而来，一时还没反应过来的旅客们眼瞅着一个一个倒在甲板上。张平见状，一蹲身迅速地钻进了离他仅2米远的甲板上的全钢制的小桌子下面，同时张平也不管冷不冷了，马上脱下上衣，把嘴和鼻子堵住，等这一波石雨过去之后，张平爬出桌子，以最快的速度冲进船舱，找到他的爸爸、妈妈。他们还惊魂未定，就听船上的广播响了，"轮船遭遇到了火山爆发，即将沉没，请乘客们穿上救生衣，在工作人员的引导下……"，广播中断了。张平一家三口打开他们的房门，又随着人流上了甲板，在工作人员的带领下，通过舷梯下到小船上。此时石雨已经没有了，但是空中还是弥漫着厚厚的浓烟，张平比划着让父母也像他一样用衣服掩住口鼻。他们刚上到小船上没有半分钟，轮船就沉没了。张平一家和小船上的其他乘客拼命地划桨想冲出烟雾，但是直到他们筋疲力尽也没有成功，他们只能在茫茫的太平洋上随波漂流，大概过了四五个小时，在他们就要绝望的时候，一艘经过的商船才把他们救了。

不论是休眠火山还是活火山，都有可能随时喷发。火山爆发时，一团团的火山灰把天空遮蔽得黑沉沉的，石块从高空飞坠，熔岩冲下山坡；火山口和火山侧的裂缝喷出大量毒气。火山喷发是巨大的灾祸，非人力所能挽回。但是，在这样的巨大灾难面前，人们还是能够采取一些必要的措施，把损失降到最低。张平一家所乘坐的轮船遭遇到了火山爆发，张平钻进甲板上的全钢制的小桌子下面躲避，同时脱下上衣，掩住嘴和鼻子，等一波石雨过去之后，爬出桌子，以最快的速度冲进船舱，这一系列做法就为他能够成功逃生创造了机会。

一，如果身处火山区，一旦察觉到火山喷发的先兆，应该立刻离开。火山一旦喷发，人群慌乱，交通中断，到时离开就困难多了。驾车逃离时要记住，火山灰可使路面打滑。不要走峡谷路线，它可能会变成火山岩浆经过的道路。如果火山喷发，更要马上离开，使用任何可用的交通工具。如火山灰越积越厚，车轮陷住就无法行驶，这时就要放弃汽车，迅速向大路奔跑，离开灾区。

二，逃离时穿上厚衣服，保护身体，更要注意保护头部，以免遭飞坠的石块击伤。最好戴上硬帽或头盔，如建筑工人使用的坚硬的头盔、摩托车手头盔或骑马者头盔都可以，即使把塞了报纸的帽子戴在头上，也有保护作用。戴上护目镜、通气管面罩或滑雪镜能保护眼睛，但不是太阳镜。用一块湿布护住嘴和鼻子，如果可能，用工业防毒面具是最好的。到庇护所后，脱去衣服，彻底洗净暴露在外的皮肤，用干净水冲洗眼睛。

三，因火山爆发而形成的气体和灰球体可以以超过每小时160公里的速度滚下山。如果附近没有坚实的地下建筑物，唯一的存活机会就是跳入水中，屏住呼吸半分钟左右，球状物就会滚过去。

四，如火山在一次喷发后平静下来，仍须赶紧逃离灾区，因为火山可能再度喷发，威力会更猛。

暴雪天安全出行

在国外旅行时，很多人都喜欢下雪天气给我们带来的一场别有韵味的视觉体验，但是飞雪太大，也会给我们的出行和生活带来不便。由于大雪过后道路结冰、路滑等原因，人们的出行及生活都受到了很大的影响。所以，我们外出时一定要注意安全，为了避免发生意外，一定要注意天气变化。在遭遇冰冻、雨雪等天气时，一定要加强防寒保暖措施，及时添加保暖衣物；如果在雨雪天气出行，要提高交通安全意识，注意安全防范。

1. 谨防摔倒。雨雪天气导致路面湿滑，难以行走。因此建议出行时不要骑电动车或者自行车，出行时可以选择步行或者是公共交通。

2. 小心防滑。为防止意外跌倒，应避免在湿滑的路面行走，一定要注意出行安全。应尽量避免在有浮冰和积水的路面行走，踩着厚厚的积雪行走可以起到一定的防滑作用。

3. 注意防砸。如果降雪量很大，在行走中应尽量避免在树木或者是高处建筑物下行走，以防树木承受不住积雪的压力被压倒或者是建筑物的坍塌，致使行人被砸伤。

4. 谨慎防偷。由于大雪天气很多人都选择了相对安全的公共交通，如地铁、公共汽车等，致使交通压力剧增，这也为很多不法分子提供了作案的时机。因此，在上车时应注意防范，做出相应的保护措施，可以把装有相关财物的背包或者是手提包拎在手中或是抱在胸前。不要把钱财等相关重要的物品放在外套口袋或者是裤兜里。如果遇到故意拥挤的人，要提高警惕，如发现异常情况时，应该通知乘务员或者司机并报警。

5. 留神防撞。由于路面湿滑、结冰等原因，尽管很多驾驶员在开车时都非常小心，但是一些行走在路上的车辆在遇到光滑的路面时根本不能控制，于是会发生一些交通事故。所以，当我们在路上行走时，一定要遵守交通规则，尽量在远离车辆的地方行走，以保证自己的安全。

6. 避免磕碰。由于大雪翩然而至，把大地装饰得一片苍茫，我们看不清道路上的许多障碍物。我们在行走中一定要十分小心，注意躲避在大雪下边的低洼、井盖或是一些尖锐的石头、钉子等，以免被碰伤。

掌握一些雪天出门的行走技巧，可以使安全得到保障。要注意走路的姿势，不要双手插在口袋里，以防摔倒后头部或肘部关节着地。

如果突然摔倒，一定不要马上爬起来，该先缓慢活动四肢，确定伤势不重再慢慢爬起。尽量避免用手腕支撑地面，以防造成手臂骨折，应该有意识地增加受力面积，使整个身子的侧面着地。

如果摔伤严重切记不要乱动，尽量保持不动，请周围的人协助拨打电话求救。

被暴雪困在车中怎么办

在国外，当暴风雪来临时，如果你被困在车里应该怎么办呢？一般可以采取以下措施：

1. 不要离开车。被暴雪包围困在车上时，在不能看清楚目的地的情况下，不要轻易地离开车辆。很多人碰上大雪后惊慌失措，在不了解自己位置时，贸然下车求救，如果所在的位置比较偏远，人很快会迷失方向，找不到车的位置。

假如被困的第二天是个晴天，在有可以辨认路标的情况下，可以考虑下车找人寻求帮助。注意在发生暴风雪的天气里或者在晚上最好留在车里。一部车的目标比一个人的目标大得多，容易让人发现。而且待在车中还能避免直接受到风雪的侵袭，可以起到保暖的作用。

2. 在车子上做记号，尽量让人容易看到车子。可以找一些颜色鲜艳的布条、毛巾等系在天线上，也可找一根较长的木棍，在上面系上布条，插在车附近的高处，引人注意。晚上可以把车灯打开，让车内顶灯亮着，这样救援人员容易发现。

3. 保持暖气开放，开动发动机提供热量，注意开窗透气。为了节省燃料，每小时开引擎的时间不要超过10分钟，只要保持足够的热量即可。要适时地打开窗户，排出一氧化碳。检查排气管，及时清理那里的积雪，保持清洁。因为如果排气管被堵住，一氧化碳就会倒流到车里，那样就会发生一氧化碳中毒。

4. 利用手机等通讯设备寻求帮助。假如带有手机或者其他可以和外界取得联系的电子设备有信号时，要尽快拨打求救电话，请求救援，或者通过其他设备联系到家人、朋友，告诉他们你的具体位置，寻求帮助。

5. 活动身体保暖，等待救援。把所有可以防寒取暖的东西都裹在身上保暖，并且一定要不停地活动，可以跺脚、摇动胳膊，拍手、尽量用力地活动脚趾和手指，以保持体温。

6. 一定要定时喝水、进食，以保持体温。为防止食物很快用完，要有计划地进食、喝水，坚持等待救援。

7. 一定要保持清醒，转移注意力，不要睡觉。在天气气候十分恶劣时，如果睡着了身体内部的温度会下降很快，这样非常危险，有可能使人一觉不醒。因此可以通过唱歌、听收音机、大声喊叫来克服睡眠。

8. 挖洞藏身，坚持就是胜利。当燃料耗尽后，可以甩掉一些不必要的东西，带上食物，找一个合适的地域挖洞藏身，因洞内温度比洞外高，一般可避免伤亡。

雪崩来临时的应急措施

如果连续降雪 24 小时，就可能发生雪崩。雪崩一般是爆发在山顶上的，当它倾泻而下时，有着巨大的力量和极快的速度，能将阻碍它奔流的许多东西卷走，它的力量能持续很久，只有到了广阔的平原才渐渐消失。雪崩之所以能够产生巨大的破坏力，主要依赖雪流能驱赶它前面的气浪，造成房屋倒塌、树木折断、人畜窒息等，它的冲击力比雪流本身的打击更危险。

当山坡上的雪下滑的时候，有时候会缓缓流动，就像一堆没有凝固的水泥，这种情况通常不会造成很大的危害，因为它在下滑的过程中可能会被岩石、树林等稳固的障碍物阻挡去路，但是，如果出现大量的积雪疾滑或崩泻时，就会挟带强大的气流往山坡下冲去，形成板状雪崩，造成极大的危害。不过，无论哪种情况出现，都必须远远地避开雪崩的倾泻路线。

除了对雪崩的工程防护措施进行相应的加固外，平时了解并掌握一套安全的自救方法，就能够减少或避免雪崩发生造成的损失，这对于地处雪崩灾害区域和在高山冰雪地区旅游、登山的人来说，有着十分重要的意义。

1. 如何预防雪崩造成的伤害

为了尽可能地避免和减少雪崩给人类所造成的损失，我们应该掌握一些安全保护的方法。在高山冰雪地区登山、行军、考察都需要一定的安全保护知识。

在容易出现雪崩的危险期间，比如降雨、大雪、大雾、吹暖风的时候，甚至是这种天气状态两天之内，行人和车辆最好不要进入雪崩的危险区，更不要在此期间登山和行军。

最好不要单独行动，外出的时候必须在规定的时间，并且按照预定的路线行动，以便一旦发生雪崩的时候能够进行良好的救护。

如果车队必须通过危险区，则应该保持100～200米的距离，并且要设立监视哨，最好不要夜间行车。

通过雪崩危险区的行人应该组成小组或者是小队，并且带有安全救护装备，设立监视哨，每人身佩长30～40米的深色（红、蓝）丝绳（也称为雪崩绳，便于寻人），保持一定距离。在越过雪崩沟槽的时候，应该一个人一个人地过去，并且后面一个人必须踩着前面一个人的脚印行走。

遇到雪崩的时候，千万不要向山下跑，因为雪崩的速度可达每小时200公里，我们应该向山坡的两边跑，或者是跑到地势较高的地方。

假如无法及时躲避雪崩，闭口屏气是唯一的选择，因为气浪的冲击比雪团本身的打击要更可怕。雪崩的时候，大量的积雪会往下倾泻。如果雪崩并不是很大，这个时候可以抓住树木、岩石等坚固物体，等到冰雪泻完之后，便可以脱险。

如果因为雪崩被冲下了山坡，一定要设法爬到冰雪的表面上，同时以仰泳或狗扒式的泳姿逆流而上，逃向雪流的边缘。压住你的冰雪越少，你获得逃生的几率就越大。

2. 遭遇雪崩的自我救护

雪崩的时候，唯一的生存机会就是自我救护或者是依靠同伴的搜救。在积雪破裂让你跌倒之前，一定要以45°角向侧下方逃离雪崩板块。

如果发生跌倒、翻滚，一定要抓住树干或者是其他安全的物体，采用游泳姿势，尽力保持浮在流雪的上面。

当流雪开始减速的时候，首先要清理自己眼前的呼吸通道，努力让自己的手伸出雪面，保持镇定。

如果被雪埋住，一定要奋力破雪而出，因为在雪崩停止后的几分钟时间内，碎雪就会凝成硬块，手脚活动就会非常困难，而逃生的难度就会更大。如果雪堆很大，一时无法破雪而出，就应该双手抱头，尽量给自己创造最大的呼吸空间，让口中的口水流出，并且确定自己是否倒置，然后再往上方破雪自救。

3. 雪崩后的注意事项

（1）雪崩之后被雪埋的时候，最好是平躺着，用爬行姿势在雪崩面的底部活动。

（2）要丢掉包裹、雪橇、手杖或者其他累赘，覆盖住口、鼻部分以避免把雪吞下。

（3）休息的时候尽可能在身边挖掘一个大的洞穴。

（4）在雪凝固前，试着到达雪体表面。

（5）扔掉你一直不能放弃的工具箱，因为它将在你被挖出的时候妨碍你抽身。

（6）节省力气，当听到有人来的时候进行大声呼叫。

怎样抢救雪崩遇难者

雪崩安全的核心问题是要避免或减少人员伤亡，但是却不能完全避免雪崩事故。在境外，如果不幸遭遇雪崩，应该采取哪些应急措施，如何延长幸存时间是关系到雪崩营救的现实问题。采用正确的营救方法和技术进行抢救，可给遇难者带来生存的希望。

目击者以及没有被埋的同伴，确定了遇难者方位之后，一定要冷静、镇定，因为这最初几分钟的营救措施是相当重要的。如果有更多的人知道针对具体情况该做什么、如何去做，那么，将会大大增加遇难者的获救几率，并且可以营救更多的遇难者。

刚发现的雪崩遇难者，一般会有以下两种情况：瞳孔放大、呼吸停止和心脏不再跳动；体温很低、脉搏稀微、血压下降、新陈代谢阻滞。但是如果没有确凿的证据表明遇难者已经死亡，必须采取科学的营救方法和步骤进行抢救。

一，清除呼吸系统异物，进行人工呼吸

准备挖掘时，一定要注意遇难者的安全。防止挖掘器材给遇难者造成不必要的伤害。

当遇难者的头部露出以后，先要检查呼吸系统是否阻塞，比如积雪、血块或呕吐物等的阻塞，这些一定要立即清除。然后还要用橡皮管吸出咽喉中阻塞的液体或其他异物。完全清除以后，一般都平放在雪地上或雪撬上。如果遇难者已经失去知觉，就要把他的头部放低，防止雪水、呕吐物等流入气管更深位置。不管是在进行人工呼吸期间，还是在正常呼吸恢复之后，呼吸道内一直都要插放橡皮管以保持呼吸道的通畅。在清除异物和人工呼吸之前，还应该细心检查颈椎是否折断。如果断开，可以牵引，但其屈曲应该减到最小。

如果遇难者已经不省人事，清理出口腔、气管内异物之后，就要马上进行人工呼吸。具体方法是：使其脸部向上，颈部微微伸直，头部和上身平躺或微向后倾。首先，迅速、连续地进行 10 次人工呼吸，人工呼吸头几口吹气是至关重要的。然后再按每分钟 10 ~ 12 次的正常节奏进行。如果瞳孔已经放大，心脏停止跳动，还要增加闭胸心脏按摩增强人工呼吸。如果是在海拔较高、空气稀薄地区，就需要较长时间地进行心肺人工呼吸或口对口的人工呼吸。

现在，国外新出现一种用于雪崩抢救的人工呼吸设备，有袋状自动充气人工呼吸器和袖珍氧气瓶。这种呼吸器有弹性，能够保证适当节奏、用以减轻人工呼吸的不足和过量。在恶劣天气条件下，是很有用的施救工具。大气中的氧气成分足以能够完成对遇难者的施救，这时候的氧气瓶，只是一个辅助设备。在海拔5800 米以下地区，采用强迫吸气法也可以使遇难者血液中的氧气达到饱和。经过人工呼吸抢救后，如果遇难者出现如吞咽、轻微动作、微弱呼吸等救活迹象，这时仍有必要进行辅助性的人工呼吸。等到嘴唇、舌头和指头上的蓝色斑点消失，恢复成玫瑰色，才能表明呼吸和血液循环已经得到改善。

二，采取各种措施，尽快恢复体温

如果遇难者被挖出后呼吸正常，或者经过人工呼吸后很快恢复呼吸，这时候尽快恢复遇难者体温非常重要。雪崩遇难者在低温环境中会消耗大量能量。挖出之后，要设法避免体温进一步降低。比如，脱掉潮湿衣服、擦干身体，换上干的衣服。有可能的话，将遇难者移到蔽风地点，或移入帐篷，并用小火取暖。也可以躺进睡袋防止体温降低，最好是用热水袋供暖，大型睡袋更好。施救者和遇难者同睡一个睡袋中，帮助遇难者恢复体温。

三，如果有幸存希望，立即送往医院

如果条件允许的话，人工呼吸救助之后的遇难者可在看护人员的护理下送往附近医院，以便得到进一步护理和治疗。针对雪崩营救，发达国家设有专门的通信、航空、医疗系统和营救力量及其专用设施。

了解台风来临的预兆

台风，是发生在西北太平洋和南海一带热带海洋上的猛烈风暴。你一定看到过江河中不时有涡旋出现吧，实际上，台风就是在大气中绕着自己的中心急速旋转的、同时又向前移动的空气涡旋。它在北半球作逆时针方向转动，在南半球作顺时针方向旋转。气象学上将大气中的涡旋称为气旋，因为台风这种大气中的涡旋产生在热带洋面，所以又被称为热带气旋。那么，台风来临时有哪些预兆呢？

1. 海鸣的出现

台风来临的前两三天，在沿海地区可以听到嗡嗡声，如远处飞机声响的海鸣。随着声响的不断增强，说明了台风正在逐步接近。凭借这个预兆，可以事先采取相应的防台措施，效果非常好。

台风是发生在西北太平洋和南海海域的较强的热带气旋系统。1989 年，世界气象组织按照热带气旋中心附近平均最大风力的大小，作出了以下规定，热带气旋被划分成为四种类型，即热带低压、热带风暴、强热带风暴和台风。其中，台风的风力在 12 级或 12 级以上。

2. 有巨大的涌浪出现在海面上

长浪又叫做涌浪。海面经常在台风尚在远处时就会产生人所能见的涌浪，从台风中心传播出来的这类特殊海浪，其浪顶是圆的，浪头并不高，一般高度只有一两米，浪头与浪头之间的距离比普通海浪的尖顶间距要长很多。长浪看上去会给人以浑圆之感，其行进节拍缓慢，声音沉重，以 70~80 公里／小时的速度传播。这种浪在逐渐靠近海岸时，会转变成滚滚的碎浪奔腾而来。长浪越来越猛是台风在靠近的预兆。

3. 有大群落在船上赶也赶不走的疲惫海鸟

当台风即将来临时，感受到台风气息的大群海鸟为了免受台风威胁，会纷纷从台风中心逃离开来，日夜兼程地朝着远离台风的陆地飞去。如果有渔船出海，这些疲惫不堪的水鸟群就会歇在船的甲板上，倘使有人对其进行驱逐，它们也不会离去，这是大台风将要来临的预兆。

4. 高云与骤雨的出现

在台风最外围是呈白色羽毛状或马尾状的卷云，如果我们看到某方向出现这种形状的云，并渐渐增厚，形成密度较高的卷层云，并伴有忽落忽停的骤雨，便可以此判断可能有台风正在渐渐接近。

5. 雷雨停止

在沿海地区的夏季，雷雨时常发生，若忽然雷雨停止，则预示可能有台风临近。

6. 能见度良好

在台风来临前的两三天，能见度会比平时高很多，远处景致皆能清晰可见。

7. 海、陆风不明显

一般情况下，沿海地区风的走向会很明显，白天风由海面吹向陆地，夜晚陆风吹向海洋，而在台风来临前，风的走向不再明显，故而推断可能有台风将近。

8. 风向转变

沿海夏季季风明显，若风向忽然一反常态，转变风向，则预示台风已经临近，因为风向已经受到台风边缘的影响，接着风力便会逐步加强。

9. 特殊晚霞

台风来临前的一两日的晚霞，常出现反暮光现象，即太阳隐于西方地平线下后，发出数条呈放射状的红蓝相间的美丽光芒，直至天穹，且环绕收敛于与太阳位置相对的东方处。

10. 气压降低

结合以上诸现象的发生，若再发现气压逐渐降低，则可以确定台风即将来临了。

如何预防台风灾害

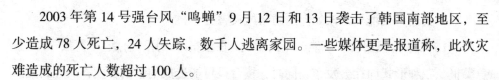

2003 年第 14 号强台风"鸣蝉"9 月 12 日和 13 日袭击了韩国南部地区，至少造成 78 人死亡，24 人失踪，数千人逃离家园。一些媒体更是报道称，此次灾难造成的死亡人数超过 100 人。

台风"鸣蝉"给韩国带来了巨大的经济损失。强台风"鸣蝉"影响韩国时，最高时速达到 60 米 / 秒，横扫了朝鲜半岛东部和南部地区，对当地生活造成极大破坏。当局对某些地区发布了洪水警报，约 2000 人被迫疏散。台风迫使 4 座发电厂停止了运转，致使 140 万户家庭断电。

台风"鸣蝉"自 9 月 6 日在关岛西北约 400 公里的太平洋洋面上生成后，在向西北方向移动过程中强度不断增大，9 月 12 日下午开始影响朝鲜半岛南部地区。台风"鸣蝉"在韩国南部沿海登陆后，以强劲的风力向东偏北方向移动，所到之处风雨成灾，造成大量山体滑坡、房屋倒塌、道路毁坏和船只沉没等事故。

台风"鸣蝉"于 9 月 13 日凌晨从韩国东部附近海面进入日本海。从当天白天开始，韩国全境脱离了台风影响区域。但受台风影响的庆尚北道部分地区的水位已超过警戒水位，南部洛东江流域的一些地区仍面临着洪水危机。

从上面的事例我们可以看出台风给人类造成的损失是无法估量的。事实上，全世界每年平均有 80 ～ 100 个强热带气旋发生，其中绝大部分发生在太平洋和大西洋上。经统计发现，西太平洋台风发生主要集中在四个地区：

（1）菲律宾群岛以东和琉球群岛附近海面。这一带是西北太平洋上台风发生最多的地区，全年几乎都会有台风发生。1～6月主要发生在北纬15℃以南的菲律宾萨马岛和棉兰老岛以东附近海面，6月以后发生区则向北伸展，7～8月出现在菲律宾吕宋岛到琉球群岛附近海面，9月又南移到吕宋岛以东附近海面，10～12月又移到菲律宾以东的北纬15度以南的海面上。

（2）关岛以东的马里亚纳群岛附近。7～10月在群岛四周海面均有台风生成，5月以前很少有台风，6月和11～12月主要发生在群岛以南附近海面上。

（3）马绍尔群岛附近海面上（台风多集中在该群岛的西北部和北部）。这里以10月发生台风最为频繁，1～6月很少有台风生成。

（4）我国南海的中北部海面。这里以6～9月发生台风的机会最多，1～4月则很少有台风发生，5月逐渐增多，10～12月又减少，但多发生在北纬15℃以南的北部海面上。

如果我们身处境外，该如何预防台风灾害呢？

（1）气象台根据台风可能产生的影响，在预报时采用"消息""警报"和"紧急警报"三种形式向社会发布，同时，按台风可能造成的影响程度，从轻到重向社会发布蓝、黄、橙、红四色台风预警信号。公众应密切关注媒体有关台风的报道，及时采取预防措施。

（2）台风来临前，应准备好照明灯具、收音机、食物、饮用水、雨具及常用药品等，以备急需。

（3）关好门窗，检查门窗是否坚固；取下悬挂的东西；检查电路、炉火、煤气等设施是否安全。

（4）将养在室外的动植物及其他物品移至室内，特别是要将楼顶的杂物搬进来；室外易被吹动的东西要加固。

（5）台风到来时，要尽可能呆在室内，减少外出。不要去台风经过的地区旅游，更不要在台风影响期间到海滩游泳或驾船出海。

（6）住在低洼地区和危险地区的人员要及时转移到安全住所。

（7）及时清理排水管道，保持排水畅通。

（8）有关部门要做好户外广告牌的加固；建筑工地要做好临时用房的加固，并整理、堆放好建筑器材和工具；园林部门要加固城区的行道树。

（9）遇有大风雷电时，要谨慎使用电器，严防触电。

（10）密切注意周围环境，在出现洪水泛滥、山体滑坡等危及住房安全的情况时，要及时转移。

（11）遇到危险时，请拨打当地政府的防灾电话求救。

（12）风暴过后，要注意卫生防疫，减少疾病传播。

风灾防护常识

风灾是指大风所造成的灾害。风对人类的生活具有很大影响，它可以用来发电，帮助致冷和传授植物花粉等。但是，当风速和风力超过一定限度时，它也可以给人类带来巨大灾害。学习和了解风的基本知识，掌握风灾防护的方法是提高防护技能的一种重要途径。

在国外旅游时，我们经常会遭遇龙卷风、台风等风灾。那么，我们个人在风灾来临时该如何防范呢？

一，在大风来临前。

要弄清楚自己所处的区域是否是大风要袭击的危险区域。要了解安全撤离的路径，以及政府提供的避风场所（各级政府要做好预案）。要准备充足且不易腐坏的食品和水。

二，大风到来时（当气象部门发布白色、绿色台风信号时）。

如果想了解最新的热带气旋动态，要经常查看、收听最新情况预报。在日常生活中，要保养好家用交通工具，加足燃料，以备紧急转移。另外，还要检查并牢固活动房屋的固定物以及其他危险部位；检查并且准备关好门窗，在迎风面的门窗上加装防风板，以防玻璃破碎；要经常检查家用电器设备，以防火灾。另外还要储备罐装食品、饮用水和药品以及一定的现金。如果屋外很多地方被水阻塞要及时清理。如果居住河边或低洼地带，要预防河水泛滥，及早撤到较高地区；不要居住在可能被洪水和泥石流冲刷的危房内。在闲暇时间，多种植一些树木，以防暴风吹毁伤人。

虽然风停了，但也不要急着外出。如果实在需要出去，一定要避开危险建筑、高层建筑与高层建筑之间道路。如果还在下雨，出行人员一定穿好雨衣，尽量不使用雨伞。骑车的人应下车推车步行，而开车者应减速慢行。在停车时一定注意不要把车停放在低地、桥梁、路肩及树下，这样容易被水淹没，遭到损坏。

三，当发布黄、红、黑色警报时，听从当地政府部门的安排。

如果需要离开住所，要抓紧时间，并且要跟亲人一块儿，转移到地势比较高的坚固房子中，要远离洪水区域。无论如何，一定要保证远离危房。

灾民应该记住，一旦接到撤离通知，要立即执行。如果没有接到通知，那么就留在结构坚固的建筑内，自己做好计划。如果家有冰箱，把冰箱开到最冷档，以防停电引起食物过早变质；拔掉电源插头；在浴缸和大的容器中充满水，以备清洁卫生。如果风刮得越来越猛时，尽量关闭所有的门窗，而且要远离门窗。如果在楼中居住，要呆在一楼的内间。如果住的是多层楼房，要呆在一楼或二楼的大堂内并且远离门窗的地方，如果可能的话还要躺在桌子下面或者是坚固的物体下面。

四，当大风信号解除后。

要坚持收听电台广播、收看电视，了解大风的走势。只有接到撤离的安全通知时，才能返回。为了保护生命的安全，政府可能会封锁道路，如果发现道路被封，不要慌，要绕道而行。尽量不走桥、不要开车进入洪水爆发区域。另外，也要少走那些表面平静的水域，因为可能会由于地下电缆或者是垂下来的电线造成这些水域具有导电性。

要注意检查煤气、水，以及电线线路是否安全，如果看到电线断了，千万不能去触摸，而是通知电力部门检修。另外，还要检查房屋架构是否损坏。在不确定自来水是否被污染过之前，千万不能饮用。在照明时要使用手电筒，不要在房间内使用蜡烛或者有火焰的燃具。如果生命遇到危险，要用电话求救。如果一切安全就要开始打扫环境，实施消毒，防止病害。

沙尘天气的自身防护

在国外遇到沙尘天气会给我们增加许多烦恼，同时与沙尘有关的疾病也会趁机发生。不过，只要采取以下几项预防措施，就可以使你在沙尘天气里保持健康。

1. 提早进行预防

与其等问题出现了再去想办法治疗还不如提前预防。沙尘暴频发的时候也是细菌滋生、活动的频繁时期，这都会引发很多疾病，如咽炎、鼻出血、眼干、角膜炎、气管炎、哮喘……所以，在空气质量不佳或者是空气干燥的时候可口含润喉片，保持咽喉凉爽舒适；滴几次润眼液以免眼睛干燥；有鼻出血的情况可以经常在鼻孔周围抹上几滴甘油，以保持鼻腔的湿润，防止毛细血管破裂引起出血。总之预防比治疗更有效。

2. 避开风沙锻炼

众所周知，锻炼身体好处特别多，不仅可以增加机体抵抗力，避免受凉感冒，而且可以有效地预防呼吸道疾病复发。但是如果遇到风沙天气就不要到室外去锻炼，因为危害太大了，可以适当在室内锻炼。

3.保持室内湿度

通过实验，我们可以得知：50% ~ 60% 的相对湿度对人体最为舒适。如果碰到风沙天气，空气异常干燥，人的身体也会有相应的反应，如咽干口燥，容易上火，如果严重的话会导致容易引发或者加重呼吸系统疾病。另外，还会使皮肤干燥，失去水分。面对这种情况可以适当通过使用加湿器、洒水、用湿墩布拖地等方法来增加空气湿度。

4.外出注意挡沙尘

口罩的主要功能是为了防止外界有害气体吸入呼吸道。戴口罩可以有效地防止多种身体不适，如口鼻干燥、喉痒、痰多……另外，戴帽子和围丝巾可以防止头发和身体的外露部位落上尘沙，避免皮肤瘙痒。风镜可减少风沙入眼的概率，风沙吹入眼内会造成角膜擦伤、结膜充血、眼干、流泪。如果有风沙吹入眼内，千万不能用脏手揉搓，此时要做的就是用流动的清水冲洗或滴几滴眼药水，这不仅能使尘沙流出，还能预防感染。

5.多喝水、多吃水果

在尘沙干燥天气中，人体最容易出现很多不适症状，如唇裂、咽喉干痒、鼻子冒烟……如果机体过于缺水还会引起痔疮、肛裂、便血。因此，此时人应该多喝水、喝粥、吃水果……凡是能补充人体水分的有益方法都可以尝试。

6.及时清洁灰尘

风沙天气从外进家后，可以用清水漱漱口，清理一下鼻腔，减轻感染的几率，有条件的应该洗个澡，及时更换衣服，保持身体洁净舒适。房间内落满灰尘要及时清理，用湿抹布擦拭，以免造成室内尘土飞扬，吸入呼吸道。

7.注意皮肤保养

在干燥的浮尘天气里，人体皮肤表面的水分极易被风尘带走，皮肤变得粗糙。所以外出回家后，要及时清洗面部，擦上补水护肤品。

8.注意人身安全

扬沙天气中要注意人身安全，应尽可能远离高大的建筑物，不要在广告牌下、树下行走或逗留。遇到强沙尘暴天气时，在路上的司机朋友不要赶路，应把车停在低洼处，等到狂风过后再行驶。

遭遇滑坡如何避难逃生

由于国外情况复杂，在国外遭遇自然灾害侵袭的事件时有发生，如果你在国外不幸遭遇山体滑坡，首先要沉着冷静，不要慌乱，然后采取必要措施迅速撤离到安全地点。

一，迅速撤离到安全的避难场地。

避灾场地应选择在易滑坡两侧边界外围。遇到山体崩滑时要朝垂直于滚石前进的方向跑。

在确保安全的情况下，离原居住处越近越好，交通、水、电越方便越好。切记不要在逃离时朝着滑坡方向跑。更不要不知所措，随滑坡滚动。

千万不要将避灾场地选择在滑坡的上坡或下坡区域。也不要未经全面考察，从一个危险区跑到另一个危险区。同时要听从统一安排，不要自择路线。

二，跑不出去时应躲在坚实的障碍物下。

遇到山体崩滑，你无法继续逃离时，应迅速抱住身边的树木等固定的物体。可躲避在结实的障碍物下，或蹲在地坎、地沟里。

应注意保护好头部，可利用身边的衣物裹住头部。

立刻将灾害发生的情况报告相关政府部门或单位。及时报告对减轻灾害损失非常重要。

三，山体滑坡发生后的科学自救方法。

滑坡停止后，不应立刻回家检查情况。因为滑坡会连续发生，贸然回家，可能会遭到第二次滑坡的侵害。只有当滑坡已经过去，并且自家的房屋远离滑坡，确认安全后，方可进入。

及时清理疏浚，保持河道、沟渠通畅。做好滑坡地区的排水工作，可根据具体情况砍伐随时可能倾倒的危树和高大树木。

公路的陡坡应削坡，以防公路沿线崩塌滑坡。

另外，滑坡发生时常摧毁并淹没沿途的房屋、牲畜及杂物，所以泥石流活动结束之后应对必要的地段进行清理消毒或隔离，避免与防止流行病的发生和传播，做好卫生防疫工作。

一，注重临时性水源的卫生。

尽量不取用河水、湖水和塘水等地表水作为临时性饮用水源。山洪水流经地区淹没的水井，即使洪水退后直接饮用井水也不安全。首先要清理水井，包括抽干井水，清除淤泥，冲洗井壁、井底，再掏尽污水。待水井自然渗水到正常水位后，进行消毒后再取用。

二，注意饮用水安全。

混浊度大、污染严重的水，必须先加明矾澄清，然后用漂白粉精等含氯消毒剂对水进行消毒剂灭菌。受灾群众应尽量将水烧开后饮用，另外，盛水的缸、桶、锅、盆等要保持清洁，经常倒空清洗。

三，尽量不吃被水浸泡过的食物。

不吃淹死或死因不明的家禽家畜，不吃被水浸泡霉烂变质的粮食、不吃受水浸的已经加工成米、面粉等的粮食制品。明确无毒物污染且又未变质的被水浸的冷藏、腌藏、干藏的畜禽肉和鱼虾，可经清洗后尽快食用，不应继续贮存。被水浸的叶菜类和根茎类农产品，可用清水反复浸洗后食用。

四，自行烹饪食物时注意卫生安全。

生、熟食品要分开制作和放置，制作时不共用案板、刀具和盛放容器；制作食品要烧熟煮透，饭菜应现吃现做，做后尽快食用，剩余饭菜要及时冷藏，食前确保没有变质，经彻底加热后再食用；盛装食物的炊具、餐具和碗筷等要彻底清洗和消毒并保洁存放。

五，做好环境卫生。

山洪水退去后，要消除未受损住所外的污泥，垫上砂石或新土；要将家具清洗后再搬入居室；整修厕所，修补禽畜圈。灾区群众不要随地大小便，垃圾要尽量堆放在指定区域；做好居住环境的卫生清理，减少蚊蝇的滋生。禁止在灾民集中居住场所内饲养畜禽，及时收集居住点周围裸露的犬粪，漂白粉消毒后掩埋。

六，注意个人卫生，加强自我防护。

饭前和便后要洗手，加工食品前要洗手，天气炎热时预防中暑，温差较大时注意及时增减衣物。灾区居民如感觉身体不适，特别是有发热、腹泻、咳嗽、咳痰或咽痛等症状时，要及时找医生诊治。避免蚊虫叮咬，帐篷中可使用蚊香，帐篷外可燃点干燥的野艾烟熏，夜间外出时应在身体裸露部位涂驱蚊剂，不要在野外环境坐、卧。尽量避免和狗等动物接触。

防御泥石流灾害

泥石流是火山爆发引发的一种破坏力极大的流体，可以给流经地区造成严重的破坏。1980 年美国圣海伦斯火山爆发，炽热的火山碎屑和熔岩使山地冰雪大量溶化，形成了汹涌的泥石流，从山顶倾泻而下，并引起洪水泛滥，造成 24 人死亡，46 人失踪。1985 年，哥伦比亚华多德尔·鲁伊斯火山爆发，火山碎屑流溶化了山顶冰盖，形成大规模的泥石流，造成 2 万多人丧生，7700 余人无家可归，流离失所。那么，当我们在国外遇到泥石流时该怎么办呢？

1. 保持警惕，及时转移

（1）外出要事先收听当地天气预报，不要在大雨天或在连续阴雨天进入山区沟谷旅游。长时间降雨或暴雨渐小后或刚停，不应马上返回危险区。

（2）正确判断泥石流的发生，及时防范与转移。当发现河（沟）床中正常流水突然断流或洪水突然增大并夹有较多的柴草、树木，从深谷或沟内传来的类似火车轰鸣声或闷雷式的声音，沟谷深处变得昏暗并伴有轰鸣声或轻微的振动感，即可确认河（沟）上游已形成泥石流。

2. 采取正确的逃生方法

泥石流是流动的，冲击和搬运能力很大。所以，当处于泥石流区时，不能沿沟向下或向上跑，而应向两侧山坡上跑，离开沟道、河谷地带，但注意不要在土质松软、土体不稳定的斜坡停留，以免斜坡失稳下滑，应在基底稳固又较为平缓的地方停留。另外，因泥石流不同于一般洪水，其流动中可沿途切除一切障碍，所以上树逃生不可取。应避开河（沟）道弯曲的凹岸或地方狭小高度又低的凸岸，因泥石流有很强的掏刷能力及直进性，这些地方很危险。

3. 泥石流过后的自救与防疫

当遭到泥石流袭击，应立即组织人员进行伤员抢救以及水、电、交通线路的抢修，以保障救灾工作顺利进行。河（沟）经泥石流的洗劫之后，面目皆非，原河（沟）床难以辨认，穿越或沿河（沟）谷的道路也被掩埋破坏，沿途漂砾、泥沙满沟，因此进行救灾抢险时应注意避免发生各种外伤。

泥石流发生时常席卷、淹浸、淤埋沿途的房屋、牲畜及杂物污物，泥石流结束之后应对必要的地段进行清理消毒，避免与防止流行病的发生和传播。

山区旅游遇洪水怎么办

如果在山区旅游的时候遇到暴雨，山洪暴发的可能性很大，速度也很快。没有应对灾害常识的我们总是在大雨过后，还滞留山区游玩，在河水、溪流中游泳，旅游车仍在危险地段行进，这是非常危险的，因此在山区旅游时，如果遇到暴雨，一定要提高警惕，马上寻找较高处避灾，注意观察，是否出现灾害前兆，并及时和外界取得联系，争取求得最佳救援。

到山区旅游应注意以下几点：

一，提前预防

制定山区旅游计划时，要先了解旅游目的地及经过路段是否属于山洪或泥石流多发区，要尽量避开这些可能存在危险的地区。山洪和泥石流等自然灾害的发生通常有一定季节特征，在多发季节内避免到这些地区旅游。在陌生的山区旅行，可以找个当地的向导，向导的经验可以帮你避开一些地质不稳定地区或灾害多发地区。要注意天气预报，凡有暴雨或山洪暴发可能的情况下，就要改变旅游计划，不可贸然出行。

二，应急对策

在山间行走时候遇到洪水暴涨不要惊慌，不要掉头就跑，要先找高处躲避，并尽量从高处地方找路返回。山洪暴发，都有行洪道，不要顺行洪道方向逃生，要向行洪道两侧避开。洪水的暴发通常都携带夹裹着大量的泥沙和断裂的树木及岩石的残渣碎块，这些都是能致人于死地的。根据重力原因，洪水通常由高处向低洼地带急速流动，所以，一定要避开行洪道的方向，尤其是山脚下，否则会被冲下来的洪水淹没。

在不幸遭遇洪水时，盲目涉水过溪是非常危险的。如果不得不过，尽可能用最安全的方法，如先找寻河床上是否有坚固的桥梁，有桥的话，一定要从桥上通过。如果河上没有桥，又非涉水过河不可，就沿山涧行走寻找河岸较直、水流不急的河段试行过河。千万不要以为最狭窄的地方直径距离越短越好通过。要找河面宽广的地方，因为溪面宽的地方一般都是地势最浅的地方，较少遇到急流，相对安全得多。如果会游泳，可以游泳过河，但是要向斜上方向游。估计体力不能游过河岸时，可试行涉水过河。通常先由游泳技术好的人在腰上系上安全绳，另一头紧紧系在岸边粗壮的大树或固定的岩石上，并请同伴抓住，下水试探河水深度，河床是否结实。试探安全时，游到对岸，将绳子系牢在树上或其他坚固物体上，其他人就可以依靠绳子过河。

如果你正在瀑布或岩石上，也不要紧张，在涉水之前，要先观察选择一个最好的着陆点，用木棍或竹竿先试探一下是否坚固平整，起步之前还要扶稳木棍，防止水滑跌倒，尤其要注意的是，一定不要顺应水流方向行进，必须选择逆水流方向前进。

临时找不到绳子的时候，就近找一些竹棍、木棒，可以用来试探水深以及河床情况，并且可以帮助平衡。行进时一定要注意前脚站稳了，再迈另一只脚，步幅不要太大。人数较多时候，可以三两个人互相搀扶着一起过河。

如果山洪暴发，河水猛涨，已经不能前进或返回，被困在山中时，尽量选择山内高处的平坦地方或高处的山洞，尽量避开行洪道的地方求救或休息。食物、火种以及必需用品一定要随身携带并保管好，有计划地节约取用，饮水也要注意，不要喝被污染的水和不干净的水（最好烧开或用漂白粉消毒）。

第六章

孤独有助
——急救、求助安全常识

TIAN DUN AN FANG

　　在境外，面对突如其来的伤害和疾病，有的人由于缺乏必要的急救知识而惊慌失措，手忙脚乱，从而贻误了十分宝贵的抢救时机，致使患者不治而亡或治而不愈。有的人由于没能掌握正确有效的救护常识，抢救失误，致使患者终生残疾，后悔莫及。因此，只有熟悉急救常识，掌握急救的基本原则、基本步骤、基本技巧和方法，在实施急救时才能够争分夺秒、从容镇定，懂得如何"就地取材"，充分利用现场能够获得的药品和器具，迅速有效地对患者实施救助。

引例

　　一名德国男性自然爱好者在北海迷失方向后用相机闪光灯发求救信号，不可思议的是，远在350英里（约563公里）外的人看到他的信号，并救了他。据报道，这名德国男子在圣彼得·奥尔丁附近的冰封北海上观赏日落时，不幸迷失方向。他使用照相机的闪光灯发送SOS求救信号，希望有和他一样正在观赏北海日落自然风景的其他爱好者看到。幸运的是，这组由照相机闪光灯发送的SOS求救信号被563公里外威斯特瓦尔德附近的另一名女性自然爱好者发现。该女士在发现求救信号后立即报告当地警方，随后救生队将这名男子救出。

　　国外的情况既复杂又陌生，为了保证自身的安全，当我们去境外旅游时一定要掌握一些基本的紧急救助常识。

国际通用求救信号

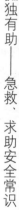

在境外，我们有时不可避免地会遇到各种灾难。因此对于身在国外的公民，及时了解自己所面临的困境，通知别人，求得救援，这对于我们来说是至关重要的。

遇险求救时可以采用的方法是多种多样的。值得注意的是，发出的信号要足以引起人们的注意。同时，要根据自身的情况和周围的环境条件，发出不同的求救信号。一般情况下，重复三次的行动都象征寻求援助。前面对如何求救已有所涉及，接下来我们再详细了解一下：

1. 烟火信号

燃放三堆火焰是国际通行的求救信号，将火堆摆成三角形，每堆之间的间隔相等最为理想，这样安排也方便点燃。如果燃料稀缺或者自己伤势严重，或者由于饥饿，过度虚弱，凑不够三堆火焰，那么因陋就简点燃一堆也行。

火堆的燃料要易于燃烧，点燃后要能快速燃烧，因为有些机会转瞬即逝，白桦树皮就是十分理想的燃料。有条件的话可以利用汽油，但不可将汽油倾倒于火堆上，用一些布料做灯芯带，在汽油中浸泡，然后放在燃料堆上，将汽油罐移至安全地点后再点燃，火势即将熄灭添加汽油时，要确保添加在没有火花或余烬的燃料中，否则爆燃的火苗会伤及自己。

在白天，烟雾是良好的定位器，火堆上添加些绿草、树叶、苔藓和蕨类植物都会产生浓烟，浓烟升空后与周围环境形成强烈对比，易受人注意。其实，任何潮湿的东西都会产生烟雾，潮湿的草席、坐垫可熏烧很长时间，同时飞虫也难以逼近伤人。晚上可放些干柴，使火烧旺、升高。

黑色烟雾在雪地或沙漠中最醒目。橡胶和汽油可产生黑烟。

如果受到气象条件限制，烟雾只能近地表飘动，可以加大火势，这样暖气流上升势头更猛，会携带烟雾到相当的高度。

2. 体示信号

当搜索飞机较近时，双手大幅度挥舞与周围环境颜色反差较大的衣物，表达遇险的意思。

3. 旗语信号

一面旗子或一块色泽亮艳的布料系在木棒上，持棒运动时，在左侧长划，右侧短划，加大动作的幅度，做8字形运动。

如果双方距离较近，不必做8字形运动。一个简单的划行动作就可以，在左侧长划一次，在右边短划一次，前者应比后者用时稍长。

4. 声音信号

如隔得较近，可大声呼喊或用木棒敲打树干，有救生哨作用会更明显，三声短三声长，再三声短，间隔一分钟之后再重复。

5. 反光信号

利用阳光和一个反射镜即可射出信号光。任何明亮的材料都可加以利用，如罐头盒盖、玻璃、金属铂片，有面镜子当然更加理想。持续的反射将规律性地产生一条长线和一个圆点，这是莫尔斯代码的一种。即使你不懂莫尔斯代码，随意反照，也可能引人注目。无论如何，至少应掌握 SOS 代码。

即使距离相当遥远也能察觉到一条反射光线信号，甚至你并不知晓欲联络目标的位置，所以值得多多试探，而且其做法简单易行。注意环视天空，如果有飞机靠近，就快速反射出信号光。这种光线或许会使营救人员目眩，所以一旦确定自己已被发现，应立刻停止反射光线。

6. 地面标志信号

在比较开阔的地面，如草地、海滩、雪地上可以制作地面标志。如把青草割成一定标志的图案，或在雪地上踩出求救标志，也可用树枝、海草等拼成标志信号，与空中取得联络。还可以使用国际民航统一规定的地空联络符号。记住这几个单词：SOS（求救）、SEND（送出）、DOCTOR（医生）、HELP（救命）、INJURY（受伤）、TRAPPED（被困）、LOST（迷失）、WATER（水）。

7. 留下信息

当离开危险地时，要留下一些信号物，以备让救援人员发现。地面信号物使营救者能了解你的位置或者过去的位置，方向指示标有助于他们寻找你的行动路径。一路上要不断留下指示标，这样做不仅可以让救援人员追寻而至，在自己希望返回时，也不致迷路。如果迷失了方向，找不着想走的路线，它就可以成为一个向导。

野外迷路时的自救措施

很多人由于刚到国外，不熟悉所在国的环境，经常会迷路。尤其是在境外进行野外旅行时更容易迷路。下面我们主要针对野外旅行迷路介绍一些自救措施。

1. 罗盘定向

罗盘也叫指南针。比较简易的罗盘使用方便，但一些比较专业的罗盘（如目前市面上有售的各式军用罗盘），使用方法需要专门学习。因此，如果在旅游时准备携带这种罗盘，那么出发之前最好请教一下会使用的人，因为在旅途中一旦遇到困境，不可能把时间花在学习如何使用罗盘上。这里介绍一下使用罗盘。

定向的一个简单方法是，把地图放在平坦光滑的平面上，再将罗盘置于其上，转动地图，使地图的南北纬线与罗盘的指针平行，地理北极与地磁北极重合。再转动地图，使罗盘的指针显示出差别的数量或该地区的磁偏角。这时地图就可能指出该处的实际方位。差别量或磁偏角只在航海图或加有其他附注说明的地图上才有。

2. 自制指南针确定方向

取一碗水，把缝衣针穿在麦管或干草茎中，并让它浮于水面。此针在旋转一会儿之后，最终会停在某个方向上，此方向即为南北方向。

再比照太阳的大概方位，就可以区别出哪边是南，哪边是北了。缝衣针可以用大头针、弄直的曲别针、圆珠笔夹片、一段铁丝等代替，唯一的要求必须是钢铁材料且细长而轻。麦管也可以用干树叶、小纸片、小木块或泡沫塑料等包装填料替代，要求是能把针浮起，而且在水中的阻力小。盛水的容器不能用铁制品（包括不能用罐头盒），因为铁会对地磁场产生干扰，而应用塑料或铝制、木制容器，也可以选择自然界中一小块平静的水面。如果铁针在永久磁铁上摩擦之后，效果会更好。如果你随身带有小收音机，那么打开后盖，小喇叭上就有磁铁。有的螺丝刀也是带有磁力的。

3. 利用太阳确定方向

选择一块比较平坦的空地，立一直杆（木杆、竹竿等）。阳光下，直杆投下影子。取一石块放在杆影的顶点 A 处。随着太阳的移动，杆影也在移动。十几分钟后，再取一石块放在杆影的顶点的新位置 B 处。A 与 B 的连线指示的方向就是东西方向。其中 A 点在西边，B 点在东边。

更简单的方法是：在一块平地上找到一棵树的投影，选择树影中一处比较明显的部位，如树尖或某一枝杈的影子，记录这一部位的移动情况。以此确定出东西方向。

4. 寻找北极星

北极星即"小熊一星"，也叫"勾陈一"或"北辰"，是最北端的恒星。它位于北极的上空，与地球的旋转轴重合。这使得北极星位于天空的中心，所有的恒星都绕着北极星逆时针旋转。

在北半球的夜空中寻找北极星，主要有以下几种办法：

（1）利用北斗七星确定北极星

北斗七星是人们辨别方向、认识星座的重要标志。北斗七星属大熊星座，它的形状像是一把勺子，所以人们都叫它为"勺星"。这个"勺"的前部的两颗恒星（天枢和天璇）的连线指向北极星，这种星星被称为"指极星"。天枢星至北极星的距离等于天枢、天璇两颗指极星间距的5倍。当伸直手臂时，如果天枢星与天璇星的距离为两指宽，则从天游星向天枢外延伸至离天枢约10指宽的距离处，即为北极星的位置。

（2）利用其他星座寻找北极星的几种方法

如果勺星恰好被云遮住了，我们还可以用其他星座。这里简单介绍一下利用御夫座、仙后座、飞马座、夏季三角形等星座确定北极星方位的办法。这些星座都由于特征明显，在夜空中便于寻找。

御夫座是由5颗星组成的星座，所组成的五边形既大又显著。这个五边形以北半球天空中最亮的恒星之一作为前导穿过天空。天鹅座即著名的北十字座。夏季三角形3颗星之一的天津四即是天鹅座中最亮的恒星，它与天津九一起是指极星，至北极星的距离也是指极星间距的5倍。

也许你已经注意到了，在上述利用其他星座寻找北极星的方法中，有一个非常有趣的巧合便于我们记忆，这就是几个星座中的指极星至北极星的距离与指极星间距都是5倍。只要我们对这些指极星有所了解，就可以在夜空中方便准确地找到北极星，从而迅速确定方向。记住了这个"5倍"的关系，即使在北极星被云遮住时，也可以用一个直木棍或尺子，推算出北极星的位置。

此外，仙后座也可以用来确定北极星的位置。仙后座在夜空中看起来像是大写字母的"M"（或"W"，依其在天空中旋转的位置而不同），十分醒目。通过M字的右脚星作一条与两脚星连线垂直线，北极星就在这条垂直线上，距离为两脚星连线长度的两倍。

值得注意的是，在南半球是无法看到北极星的。

5. 看植物的形态确定方向

在阴天的时候，可以通过对植物的观察判定方向（适用于北半球温、寒带）。

（1）夏天通常大树的树干、树墩及大石块南边的草木比较茂盛，秋天则可看到北边的草先黄。

（2）有些树种（尤其是桦树）南面的树皮较光洁，北面的粗糙。

（3）松树、柏树、杉树等树干上分泌出的胶脂，南面多而且块大。

（4）通常蚁窝都在树木或灌木丛的南边。

（5）石上的青苔一般都生于北面。

在野外如何寻找水源

水是人生命的基本需要之一。每天约有半升水就可以维持一个人的生命。只要有适量的水，即使没有其他食物，人也可以活 10 天或更长的时间。保持体液水平会给人带来许多益处。一个人若丧失了体液重量的 25%，就会丧失 25% 的活动能力。所以，在困境中，一定要设法保证身体对水的需要。

1. 收集天然水

（1）收集露水。清晨，在灌木下铺上塑料布，然后轻摇晃灌木，使露珠滴下，收集起来。

（2）汇集雨水。雨是天然的纯净水。在下雨时，应当把雨衣、塑料布张开成凹状，尽量多地接收雨水。某些植物比较大的叶子（如荷叶等）也可以用来接雨水。大雨后巨石槽中的积水也可以收集起来。

2. 从植物中取得水分

（1）在桦树（或枫树、槭树）的干上钻一个 3 ~ 4 厘米深的小孔，用桦树皮或其他较大的树叶做一个细管，引出小孔中的树汁。用这种方法每晚可取得 1 ~ 2

升树汁。这种树汁甘甜可口，但应立即饮用，否则它会在空气中发酵变质。这种方法对树木的生长有危害，所以只应在不得已的情况下使用；取过树汁后，要及时用泥土将小孔堵死。

（2）在丛林中有一种叫扁担藤的植物，将其砍断后，可从断口处流出清水。

（3）热带、亚热带丛林中，有一种能够储存水分的竹子，多生于山沟两侧，直径约 10 厘米。如果摇动竹身能听到水声，可砍一小洞取水饮用。

（4）选择树叶茂盛、鲜嫩的灌木，用塑料袋将其包住，使树叶蒸发出的水分在塑料袋中凝结成水。

3. 向土地要水

在沙漠中，没有自然水源，也没有植物，水的取得更为困难。可以利用凝结的办法，把沙地中的潮气汇成微量的水。晚上，在沙地上，最好能选择比较潮湿的地方挖一个直径 1.5 米、深 1 米的坑，坑底放一个盛水的容器，大坑用塑料布或雨衣等覆盖，压实周边，并在塑料布的中央、坑内容器的上方，放一小的重物，使之略略下垂。这样，夜晚沙地温度高，空气温度低，沙中微量水分蒸发，凝结于塑料膜上，并流入当中的容器中。

用类似的办法，可以在盐碱地上取得淡水。如果盐碱地是比较潮湿的，上述办法还可以在白天进行，而且采用透明的塑料膜，利用太阳光的能量加速潮土中水分的蒸发，更快地获取更多的水。

4. 冰雪的利用

一般情况下，不要直接食用雪或冰。吃一两天雪或冰就会发生腹胀，口腔黏膜红肿。另外，消耗身体的热和能来使雪或冰融化是不合算的。

如果有太阳，不管温度多低，都可用深色塑料布、深色帆布或其他深色的不透水的物件表面来融雪。把这些冰雪放好后，使之融化并聚集到用具的小坑洼处（注意，如果可能，不要让塑料或帆布朝下的面接触雪或冰）。许多高山登山探险队采用这种办法收集水以节省炉子的燃料。这个办法可用于任何少风或无风的地方。

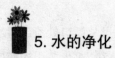

5. 水的净化

如果没有很清洁的饮水，那么对不大干净的自然水要经过必要的净化后才能饮用。净化水最好的方法是用专用的药品，如饮水消毒片、漂白粉精片以及明矾等。如果没有携带这些药品，可以用下列植物代替：如榆树的皮、叶、根；木棉树的枝、树皮；仙人掌或霸王鞭全株；水芙蓉的皮、叶等。具体用法是：将上述新鲜植物中的一种洗净，捣烂；一桶水中大约放 4 克，搅拌 3 分钟，然后放置 10 分钟。这些植物组织中的成分可以与水中的金属盐化合成絮状物，沉淀于水底。

可以用下述办法对海水进行淡化：用锅煮海水，并在锅盖内侧贴上毛巾，使之吸收水蒸气。然后一次次将毛巾中的淡水拧出。用同样的办法，把湿沙或潮土放入锅中加热，也可以取得淡水。

在十分缺水的情况下，人的小便经过滤后也可以饮用。取一个底部封口的大竹筒，在底部打一个孔，然后自下而上分别放入小石子、沙、土、碎木炭。将尿液从上而下倒入，下边便流出可以饮用的淡水。

即使经过净化的水，也要烧开后饮用，以便杀灭水中的病菌。

被毒蛇咬伤怎么办

在境外游玩，毒蛇是令人恐惧的，但蛇一般不主动攻击人。蛇的听觉和视觉较差，但感觉灵敏，对栖息处的地面或树枝的振动极为敏感，一遇响动便会逃之夭夭。

但是人如果不注意而无意踩到或触及它，毒蛇便会冲出头来咬人。因此，在毒蛇出没的地区行动时，应随时注意，以减少被咬的可能性。在多蛇的热带丛林中活动，还要警惕树上有无毒蛇。

1. 预防毒蛇咬伤的措施

（1）注意自己的脚步。蛇类平均每周进食一次，每当进食之后以及蜕皮之时，它们行动和缓，更容易被踏中。

（2）在伐取灌木、采摘水果前要小心观察，一些蛇类经常栖于树木之上。

（3）不要挑逗或提起蛇类或者将它们逼入困境，一些蛇类在走投无路或保卫自己的巢穴时攻击性大增，譬如南美洲和中美洲地区的巨蝮、非洲的黑色树眼镜蛇以及亚洲的眼镜蛇。

（4）翻转石块或圆木以及掘坑挖洞时使用木棒，不可徒手。

（5）穿上结实的皮靴——如果有的话，许多毒蛇的毒牙很小，不能穿透皮靴。

（6）在使用床单、衣服、包裹前要小心查看一遍，蛇类很可能就躲在下面。

（7）如果与毒蛇不期而遇，保持镇定安静，不要突然移动，不要向其发起攻击，许多情况下，毒蛇只想着如何逃命。

（8）野外露营时，在住地周围适当撒一些六六六或石灰粉，以防毒蛇侵入。睡前检查床铺，压好蚊帐，早晨起来检查鞋子。做到这些，一般可保无虞。

（9）如果迫不得已要杀死毒蛇，可取一根长木棒，要具有良好弹性，快速劈向其后脑，最好一击成功，因为受伤的毒蛇更加危险。

2. 受到毒蛇袭击后应采取的措施

人一旦被蛇咬伤，首先应分清是无毒蛇还是有毒蛇咬的。许多毒蛇的毒液从位于上颚前部的尖牙射出，遭蛇咬后皮肤上会留有明显的伤痕。伤口上有明显牙齿痕的往往是毒蛇咬伤。不过为使患者不至于心慌意乱，可说这并非毒蛇。如确系无毒蛇咬伤（一般在15分钟内没有什么反应），可按一般外伤处理。若无法判断，则应按毒蛇咬伤处理。被毒蛇咬伤后，切不要惊慌失措和奔跑，而应使伤口部位尽量放到最低位置，保持局部的相对固定，以减缓蛇毒在人体内的扩散和吸收。应立即用柔软的绳子、布条或者就近拾取适用的植物茎、叶，在伤口上方约2～10厘米处结扎，松紧程度以能阻断淋巴和静脉血的回流，而又不影响动脉血流为宜。

结扎的动作要迅速，最好在受伤后3～5分钟内完成。以后每隔15～20分钟，放松1～2分钟，以免被扎肢体因血阻而坏死。结扎后，可用清水、冷开水加盐或肥皂水冲洗伤口，以洗去周围黏附的毒液，减少吸收。经过冲洗处理后，再用锐利的小刀挑破伤口或挑破两个毒牙痕间的皮肤，同时可在伤口周围的皮肤上，用小刀挑开如米粒大小破口数处。这样可使毒液外流，并防止创口闭塞，但不要刺得太深，以免伤及血管。咬伤的四肢若肿胀严重时，可用刀刺"八邪"或"八风"穴进行挤压排毒。还可直接用嘴长时间吸吮伤口排毒，边吸边吐，每次都要用清水漱口，若口腔内有黏膜破溃、龋齿等情况就绝不能用口吸，以免中毒。若有蚂蟥，可捉放在伤口上吸出毒血。最好将伤口置于凉水中，如有小河的话，可把伤口置于其中。如能冰镇伤口更好。如引发中风、停止呼吸时，应立即进行人工呼吸。

在施用有效的蛇药 30 分钟之后可去掉结扎。如无蛇药片，可就地采用几种清热解毒的草药，如半边莲、芙蓉草、鱼腥草等，将其洗涤后加少许食盐捣烂外敷。敷时，不可封住伤口，以免妨碍毒液流出，并要保持药料新鲜，以防感染。

怎样预防冻伤感染

寒冷的冬天，人们的皮肤最容易冻伤，下面介绍相关的知识来防止冻伤感染。

1. 肢体冻伤后的危害

（1）冻伤后，皮肤的完整性遭到破坏，屏蔽作用被削弱，因为皮肤是人体抵御细菌入侵的第一道屏障，继而皮肤出现坏死、痂皮脱落、裂隙等。皮肤的破坏使细菌有了可乘之机，很容易通过损伤的皮肤进入组织内，造成组织感染。

（2）冻伤后血液循环受影响，抗感染能力下降。冻伤时组织内的血管强力收缩，组织中血流量随之显著减少，组织处于缺血、缺氧状态。在此条件下，组织抵御细菌侵袭的能力自然会减弱。同时，血流量的减少也直接导致局部免疫细胞的减少，使组织免疫能力下降，不能有效地杀灭细菌。

（3）冻伤引起的组织坏死是厌氧菌感染的主要原因。厌氧菌是一类只能生活于缺氧环境中的致病菌，它广泛地存在于土壤、皮肤等处。在正常情况下，因环境中氧气的存在，厌氧菌的生长、繁殖受到抑制，一般不会对人造成危害。但在冻伤时，往往有皮肤、肌肉，甚至骨骼广泛的、大面积的、深层的坏死，局部缺血、缺氧，出现缺氧的"小环境"。此时，厌氧菌可在缺氧的状态下生长、繁殖，给人体造成严重的危害。

2. 预防冻伤感染

（1）保持局部清洁。保持冻伤局部清洁无菌是预防感染的首要环节。在治疗和复温时，要尽可能将皮肤表面的污物去除。可用清水冲洗局部，如有条件可用无菌肥皂水冲洗皮肤 2～3 次，再用生理盐水冲洗 2 次。如果冻伤的皮肤已经出现破损，应用过氧化氢水重点冲洗皮肤损伤处。如果皮肤损伤较严重或有较严重污染，可用一个注射器吸入过氧化氢水，对准皮肤损伤部位反复冲洗。如一时找不到注射器，可用一个棉签蘸过氧化氢水反复擦洗皮肤损伤部位，以消除局部的缺氧环境，抑制厌氧菌的生长。刷洗、冲洗皮肤完毕后，用无菌敷料将冻伤部位包裹起来，防止细菌与创面接触。

（2）治疗要遵循"无菌原则"。所谓无菌原则是指在冻伤治疗过程中，随时都要注意保持所使用的器械和创面的无菌状态。特别是患者在家中换药时，对各种器械、敷料要严格消毒，要严格无菌操作。总之，在治疗时要时时刻刻想到"无菌"二字。

（3）正确使用抗菌药物。抗菌药物是治疗和预防冻伤感染的重要手段。常用的有青霉素类（青霉素 V、氨苄西林、阿莫西林、哌拉西林钠等），头孢菌素类（头孢氨苄、头孢拉定、头孢替安、头孢呋辛钠等），氨基糖苷类（庆大霉素、卡那霉素、妥布霉素等），大环内酯类（红霉素、罗红霉素、麦迪霉素、乙酰螺旋霉素等）。在使用上述抗菌药物的同时，如有条件应做皮肤表面分泌物细菌培养及药物敏感试验，以筛选有效、敏感的抗菌药物。如果皮肤损伤较深，污染较严重，应加用抗厌氧菌的抗菌药物，如四环素、红霉素、头孢菌素类等。

3. 处理冻伤皮肤水疱

冻伤后产生的水疱是皮肤损伤的表现之一。在治疗冻伤时，如果水疱比较大，应将水疱刺破或剪开，将水疱中的液体放出来。

处理水疱的步骤是：

（1）清洁和消毒皮肤。处理水疱之前，首先清洁皮肤。可以用消毒肥皂水将皮肤表面污物冲洗干净，再用生理盐水反复冲洗。然后用 75% 的酒精消毒水疱的表皮和邻近的皮肤。

（2）用尖剪刀在水疱边缘剪一个小口，将其中的液体放出。也可用注射器在水疱边缘做穿刺，将液体抽出来。注意剪开水疱的部位要选择水疱边缘最低点，因为"水往低处流"。在水疱最低点穿刺有利于尽可能地排出水疱中的液体。如果部分液体不能自行排出，可以使用一个消毒的棉签挤压水疱积液的部分，促使其集中，以便排出或抽出。

（3）水疱中的液体排尽后，用一块无菌敷料覆盖，减少污染的机会，降低感染率。此时，要注意保留水疱的表皮，不要将其随意揭去，这是因为：①水疱表皮具有保护创面的作用。如将其揭去，下方的皮肤会失去"保护层"，容易受到摩擦，敷料粘连等损伤，不利于冻伤的恢复。②水疱表皮具有抗感染的作用。这是由于水疱下方的皮肤抗感染能力较弱，在细菌的作用下，容易发生创面感染。保留水疱的表皮可在新生皮肤表面形成一层"天然屏障"，使细菌不易接触创面。③水疱表皮具有促进创面愈合的作用。人们观察到，如将水疱表皮全部揭去，下方的新生皮肤会迅速变干变硬，而有水疱表皮盖住的皮肤颜色红润、柔软，愈合较好。

（4）每日换一次覆盖于水疱表面的敷料。其目的一是换药，二是观察创面变化，三是了解冻伤恢复状况。更换敷料时操作要轻柔，保护好水疱的表皮，直到其自然干枯脱落为止。

得了冻疮怎么办

当我们到一个比较寒冷的地方去旅行或出差时，很容易由于不适应环境而得冻疮。冻疮是一种由于低温、潮湿环境引起的非冻结性损伤，即当外界环境在0℃左右，不足以使组织结冻，但又造成了组织损伤，这种损伤就称为冻疮。

1. 冻疮的症状

冻疮的临床表现有：

（1）冻疮可反复发作。冻疮的发生与季节、气温、空气湿度及防寒措施有关。当环境温度高于15℃时，冻疮可自愈。

（2）冻疮常位于手足背部、颜面及耳郭等部位，以手足部最为多见。表现为皮肤潮红、肿胀、手足指（趾）活动欠灵活。严重的手足冻疮者皮肤表面可出现大小不等的水疱。水疱可自行破溃，导致皮肤糜烂及感染。

（3）出现冻疮的皮肤表面温度较正常皮肤温度低。轻度冻疮时，皮肤有痒感。重度冻疮且皮肤出现破溃、感染时，患者有疼痛感，触及破溃的皮肤，疼痛明显加剧。破溃、糜烂的皮肤表面有渗出的液体。

（4）如冻疮反复发作，皮肤破溃、糜烂反复出现者。皮肤表面可见到茶色、浅黑色的色素沉着斑。色素沉着斑呈不规则形状，边缘不齐，不凸于皮肤表面，触之可有硬节感。

（5）严重的冻疮治愈后，皮肤可留有瘢痕。

2. 冻疮的预防和治疗

（1）保持皮肤温暖及干燥。由于冻疮与低温、潮湿有关，因此保持皮肤温暖和干燥是预防和治疗冻疮最有效的方法。保暖的措施包括：选择合适的手套、鞋袜，避免局部皮肤长时间暴露于低温环境之中，老年人可使用热水袋、手炉等。保持皮肤干燥的措施包括：皮肤每次接触水后要及时烘干或擦干，经常将手套翻开进行烘烤，经常换鞋垫，保持鞋袜干燥等。每个人都可根据自己的实际情况，千方百计地使手足脱离低温、潮湿的环境，以利于冻疮的愈合。

（2）促进皮肤血液循环。血液循环的好坏关系到冻疮的治疗效果，促进血液循环的方法有：①每日坚持用温水（40℃～42℃）浸泡手足，每次20～30分钟。在温水浸泡手足的同时做皮肤按摩效果更好，但在做皮肤按摩时要防止损伤已经出现冻疮的皮肤。②选择适当的理疗方法进行皮肤理疗，如红外线、紫外线、超短波等，促进皮肤血液循环。理疗一般每次20～30分钟，每日1～2次，6～8日为1个疗程。

（3）使用外用药物。目前在市场上可买到多种用于治疗冻疮的药膏，可在医师的指导下酌情选用。有的学者推荐使用2%新霉素霜用于冻疮的治疗，有效率可达95%，其用法是将该霜膏涂于冻疮的表面，每日2～3次，直至冻疮愈合为止。对于轻度冻疮，皮肤尚未出现水疱者，涂药后采用暴露的方法，不用敷料覆盖冻疮表面，以利于皮肤的干燥；对于较严重的冻疮，皮肤出现破溃、糜烂者，使用该霜膏后，可用无菌敷料覆盖创面，以保持皮肤局部无菌，防止皮肤感染。

（4）使用中草药。使用中草药的目的在于舒筋活络，活血化瘀，改善皮肤的血液循环，达到治疗冻疮的目的。常用于治疗冻疮的中草药有桂枝、细辛、附子、肉桂、生姜、当归、桃仁、红花、丹参、川芎、三棱、莪术等，可内服，也可煎煮成浓缩药液涂于冻疮表面，每日3～4次，7日为1个疗程。可根据辨证施治的原则，服用当归四逆汤（当归、桂枝、木通、细辛、芍药、甘草、大枣等）。也可用花椒煮水浸泡冻疮皮肤，每次20～30分钟，每日3～4次。

皮肤擦伤的治疗常识

皮肤表面被粗糙物擦破的损伤称之为擦伤，最常见的是手掌、肘部、膝盖、小腿的皮肤擦伤。人体被擦伤后可以看见表皮破损，创面呈现苍白色，并且有许多小出血点和组织液渗出。因为人体的真皮含有丰富的神经末梢，损伤后往往十分疼痛，但表皮细胞的再生能力很强，如伤口无感染则愈合很快，并且可以不留疤痕。

在境外，发生擦伤常常是因为跑、跳等活动时摔倒，或者在冲击作用下与硬物相摩擦而形成的皮肤表面的创伤。

擦伤时往往有出血或者局部组织液渗出，局部有较轻的红、肿、痛、热等表现。

生活中的擦伤属于外伤中最轻的一种，但是因为擦伤造成的伤口大部分较浅，伤面较大而又不规则，引起感染的机会较多。因此，要认真处理伤口，如果处理不当，会引起感染，使伤口久久不能愈合。

对于小面积擦伤可以采用2%红汞或者1%的龙胆紫药水涂抹，一般没有必要包扎，但是一定要注意保持清洁，局部不要浸水，防止发生细菌感染。

对于大面积擦伤，则需要用生理盐水冲洗。如果创伤面上有泥土、煤渣、沙粒等嵌入皮肤时，要用消过毒的毛刷轻轻刷出，等到创伤面清洁干净以后，用凡士林纱条覆盖，再以绷带包扎。

关节附近的擦伤无论大小，最好都要包扎或者用纱布覆盖，因为关节经常在活动，要避免伤口发生污染。

对于轻微的创伤，因为擦伤表面常常沾有一些泥灰及其他脏物，为防止伤口感染，要对创伤面进行清洗。可以用1000毫升凉开水中加食盐9克，浓度大约0.9%的食盐水，也可以用自来水、井水边冲边用干净棉球擦洗，将泥灰等脏物洗去。

有条件可以用碘酒、酒精棉球等消毒伤口周围，沿伤口边缘向外擦拭，注意不要把碘酒、酒精涂入伤口内，否则会引起强烈的刺痛。

可以在创伤面上涂一点红药水，此药有防腐作用而且刺激性较小。但要注意，不应该与碘酒同用，因为两者可能生成碘化汞，对皮肤有腐蚀作用；汞过敏者忌用。新鲜伤口不应该涂紫药水（龙胆紫），因为此药虽然杀菌力较强，但有较强的收敛作用，涂后创伤面容易形成硬痂，而痂下组织渗出液存积，反而容易引起感染。

可以用消毒纱布或者清洁布块包扎伤口，小伤口也可以不包扎，但是要注意保持创伤面清洁干燥，创面结痂前尽可能不要沾水。

如果创面发生感染，可以用淡盐水先将伤口洗净再涂以紫药水；或者将鲜紫花地丁研细，加热消毒后，加等量甘油和两倍水，调成糊状，涂敷患部，每天或者隔天换药1次。用于治疗皮肤及表浅软组织早期化脓性炎症，敷药数次，即可见效。也可以用大蒜捣烂取汁，取大蒜汁1份，加冷开水3～4份，冲洗化脓伤口；必要时还可以将大蒜汁稀释2倍后湿敷，但是蒜对皮肤有一定刺激性。

儿童奔跑玩耍时不慎跌倒，而致局部皮肤擦伤，这种擦伤伤口较浅，一般不用去医院，只在伤口上涂些红药水或紫药水即可。如果创面较脏，可用清水冲洗干净。否则，伤面口愈合后，脏东西可能留在皮肤里去不掉了。面部擦伤时尤其应注意，以免影响孩子的容貌。擦伤的创面不必包扎，但注意避免沾水及沾上尘土及其他脏物，以防止创面感染。脸部的擦伤，需注意如有沙子、煤渣嵌入皮肤时，及时用软刷子刷洗创面，不能有渣屑留于皮肤内，一般不要涂抹紫药水。如果擦伤面较大，在面部创面清洁消毒后，敷上油纱布，再包扎好。

许多人擦伤皮肤后，习惯贴一片创可贴了事，但擦伤的伤口不适宜用创可贴，而应该用紫药水消炎，让伤口自然暴露在空气中，以待愈合。这是因为，擦伤皮肤的创面比普通伤口大，再加上普通创可贴的吸水性和透气性不好，不利于创面分泌物及脓液的引流，反而有助于细菌的生长繁殖，容易引起伤口发炎，甚至导致溃疡。

现场急救基本常识

在境外我们经常会受到难以预料的伤害，因此，为了更好地保护好自身安全，我们必须掌握一些现场急救的基本常识。

1. 怎样摸伤者脉搏

脉搏是心脏搏动时把血液从脏挤压到动脉而引起的动脉搏动。因此，脉搏与心脏搏动应该是一致的。也就是说，通过摸脉搏就能判断心脏的搏动情况。摸脉搏简单、易学，是急救时重要的判断指标。

正常人脉搏次数为每分钟 60～80 次，脉律是规则的、明显的，容易摸到。脉搏过快或过慢都属异常。脉搏过快说明心动过速，过慢说明心动过缓。脉律不规则，忽快忽慢或跳跳停停说明心律不齐。脉搏微弱，不易摸到，说明伤者已经休克，病情严重。摸不到脉搏跳动，说明伤者的心跳很可能已停止。

常用的摸脉搏方法有两种：摸桡动脉。桡动脉在手腕掌面的大拇指侧，最容易摸到。摸桡动脉时可以感到手腕部有一根大筋（肌腱），在它的旁边、大拇指侧就是桡动脉。

方法：将伤者的手掌朝上，用你的食指、中指、环指指肚轻压在桡动脉上，感觉动脉的搏动情况。

摸颈动脉。一般情况下摸桡动脉就可以了，但当伤者休克时桡动脉搏动不明显，不容易摸到，这时就需要摸颈动脉。颈动脉在颈部的两侧，当人抬头的时候颈部两侧各有一大条隆起的肌肉，叫做胸锁乳突肌。这条肌肉的前缘深部就是颈动脉。颈动脉是人体的大动脉，搏动有力。

方法：将食指、中指、环指并拢放在胸锁乳突肌前缘，用三个手指肚向深部轻压，感觉颈动脉的搏动情况。

2. 怎样判断呼吸

呼吸是人的生命保证，人的呼吸一刻也不能停止，没有呼吸人就会死亡。正常人平静呼吸时自己没有感觉，也不会感到呼吸费力。人在呼吸时胸部和腹部会出现上下起伏。当发生急症时，需要判断伤者的呼吸是否存在、是否正常。呼吸过快或过慢都不正常，当呼吸停止时应立即抢救。

方法：观察伤者呼吸情况时，应让伤者仰卧，解开外衣衣扣，观察伤者的胸部和腹部有没有起伏动作。

如果有起伏动作，说明有呼吸。继续数一分钟，监测伤者每分钟呼吸多少次，同时看呼吸时是否费力。哮喘伤者和气管堵塞的伤者呼吸费力，呼气时间较长。

如果看不到伤者的胸部和腹部有起伏动作，说明其呼吸可能已停止。这时要将自己的一只耳朵贴近伤者的口、鼻部，仔细感觉是否有气流声。若能听到气流声，说明伤者有呼吸，只是呼吸弱；若听不到气流声，说明伤者已没有呼吸，须立即实施抢救。

3. 怎样判断昏迷

昏迷是一种危重急症，脑血栓、脑出血、脑外伤、心肌梗死及中毒等情况下，伤者都有可能发生昏迷。昏迷时伤者意识消失，呼之不应，四肢瘫软，不会自主活动。

判断方法：判断昏迷时，先叫伤者姓名，或用手轻拍伤者的肩部，并问："你怎么啦？"伤者若没有反应，说明可能发生了昏迷。也可以用手指尖轻碰伤者的眼睫毛，正常人会眨眼，完全昏迷伤者无眨眼动作。还可用拇指指甲掐伤者的人中（上唇中央凹陷处），正常人会有躲避反应，完全昏迷的人没有躲避反应。

4. 怎样叩击胸部

当伤者心跳停止时，及时用拳头叩击伤者胸部，能产生强大的震动，使停跳的心脏重新跳动，起到起死回生的作用。因此，胸部叩击是救命的一击。曾有一位伤者心跳突然停止，医生虽然对其进行了胸外按压，但其心跳仍没有恢复。这时，医生在伤者胸部叩击两下，伤者的心跳就能立刻恢复了。所以，关键时刻伸出你的拳头，可能会使一个人重新获得生命。

救治方法：在确定伤者心跳停止后，救治者立刻将一只手平放在伤者胸部中间，另一只手握拳，用力叩击放在伤者胸部的手背两下，或用拳头直接叩击伤者的胸部，也可以用一只手的手掌用力拍击伤者的胸部。然后立刻摸脉搏。如果伤者有脉搏，说明抢救成功。如果仍然没有脉搏，要继续做胸外心脏按压。

值得注意的是，胸部叩击要及时，如果伤者心脏停止搏动时间较长再叩击则不易成功。叩击时要有一定的力度，用力过轻起不到作用，但也不要用力过大，以免损伤伤者胸部。

5. 怎样保持呼吸道通畅

保持伤者呼吸道通畅是急救的前提。如果伤者呼吸道不通畅，无论怎么抢救也不会成功，这是因为氧气不能顺利进入伤者体内。所以，紧急救助时首先要保持伤者的呼吸道通畅。

救治方法：

（1）将伤者置于平卧位，双手抱住伤者的头部两侧，轻轻把伤者的颈部摆直，使头部后仰，这样伤者的气管是直的，最容易呼吸。

（2）颈部较短、较粗的伤者，舌头容易后坠，堵住咽喉部而影响呼吸。这样的伤者喘气时常有打呼噜声。遇到这样的伤者，可用双手把伤者的下颌角（腮下方的骨突）托起，减轻舌后坠对呼吸的影响。

（3）将呕吐伤者的头偏于一侧，防止呕吐物吸入气管。

（4）伤者口腔内如有东西堵塞，要用手指将其抠出。

（5）及时清理伤者口腔内的呕吐物。

如何进行人工呼吸

在境外一些灾难不期而至，遇到有亲人或朋友受伤昏迷时，这就要求我们必须学会正确的人工呼吸。对伤者进行人工呼吸的主要目的是为了及时给伤者提供氧气。因为你呼出的气体中仍含有足够的氧气，可供另外一个人使用。这样的"二手氧气"甚至能挽救生命。对伤者进行人工呼吸必须及时，并且确保你呼出的气体能够到达准确的位置——深入到伤者的肺部。

伤者在接受人工呼吸时，最基本的反应是他的肺会鼓起来。如果看不到伤者的胸部在你呼气时鼓起，吸气时瘪下去，那么你做的人工呼吸就没有成功；你应该按照治疗窒息的程序对伤者进行急救。

在实施此项急救措施时应该小心。如果把呼吸道的阻塞物吹进了伤者的肺部深处，就会导致伤者死亡。

实施人工呼吸时要注意：

（1）检查伤者脉搏。

（2）如果伤者已经没有心跳了，立刻进行胸部按压。

（3）如果伤者还有脉搏，立刻清理伤者口腔里的异物。

（4）用一只手抬起伤者的下巴，同时使其头部向后仰。

（5）捏紧伤者的鼻子。

（6）深吸一口气，张大嘴并用嘴封严伤者的嘴。

（7）用力向伤者嘴里吹气，同时观察伤者的胸部是否鼓起。

（8）一旦伤者胸部鼓起，继续注视伤者的胸部，看它是否会再瘪下去；完成呼气。然后用同样的方法快速对伤者进行4次呼气。

（9）再检查伤者的脉搏。

（10）重复步骤5～9，直到伤者恢复呼吸。

另一种不同于嘴对嘴的人工呼吸是嘴对鼻的人工呼吸。将伤者的嘴封紧然后往其鼻子内吹气，此时，也要封紧伤者鼻子四周，确保空气被有效地吹进鼻腔。

如果伤者的胸部没有鼓起，请作如下检查。

（1）伤者的鼻子是否已经适时捏紧。

（2）伤者的嘴和鼻子周围是否封紧。

（3）你吹气的时候是否足够用力。

如果你完成这些步骤之后，伤者仍未恢复呼吸，那么肯定是伤者的呼吸道被异物梗阻了。

胸部按压这一急救措施是在伤者没有脉搏的情况下实施的。胸部按压以前被称为"心脏外部按摩"，其实这种说法并不准确。从胸部并不能对心脏进行按摩，只能够按压。

心脏占据了胸腔的大部分空间，而胸腔又处于胸部前面的胸骨和后部的脊柱及其周围的肌肉之间。由于胸腔前部通常是活动的，所以可以将胸骨和肋骨向后轻轻地按压。朝着脊柱方向垂直按压可以将心脏中的血液压至身体组织器官中。由于心脏有瓣膜这一机制能确保血液沿着一个方向流动，因而对心脏施加的压力可以使血液顺着循环系统流动，这与心脏自发跳动时的血液流动完全一致。

虽然胸部按压做起来困难，但是这种方式是让伤者血液循环恢复正常的最好方法。这时，只要有空气输入伤者肺部，那么伤者就很有可能立刻恢复健康的脸色，放大的瞳孔也会再次恢复正常，其他一些显示伤者复原的迹象也将随之出现。紧接着伤者就能够恢复心跳和呼吸。胸部按压必须配合人工呼吸才能奏效。因为该措施的目的就是为了恢复伤者的有氧血液循环，所以你必须为其提供氧气。

该急救措施只能够由经过训练的急救人员来操作。只有在伤者的心跳完全停止的情况下，才能对其进行胸部按压。否则，原本微弱的心跳也会因此而停止。

怎样实施心肺复苏术

心肺复苏术是对心脏骤停伤者所采取的急救措施。一旦发现伤者的心脏骤停，应迅速将伤者仰卧，抢救者用半握拳在伤者的心前区上反复敲击。如果敲击3～5次心脏搏动仍未恢复，则应立即改换胸外心脏按压术抢救。

1. 单人心肺复苏术

（1）操作要领：

①首先判定伤者神志是否丧失。如果无反应，一面呼救，一面摆好伤者体位，打开气道。

②如伤者无呼吸，即刻进行口对口吹气2次，然后检查颈动脉，如脉搏存在，表明心脏尚未停搏，无需进行体外按压，仅做人工呼吸即可，按每分钟12次的频率进行吹气，同时观察伤者胸廓的起落。一分钟后检查脉搏，如无搏动，则人工呼吸与心脏按压同时进行。抢救者面对伤者，跪在其身体一侧。抢救者两肘关节伸直，双手重叠，将手掌腕部压在伤者胸骨中线下段、两乳之间。抢救者靠自己的臂力和体重有节律地向脊柱方向垂直下压后突然放松，如此反复进行。成年伤者每分钟挤压60～80次。抢救者在伤者胸部加压时，不可用力过猛，动作切忌粗暴。同时，挤压位置要正确，若位置过左过右或过高过低，则不仅达不到救治目的，反而容易折断伤者肋骨或损伤其内脏。

另外，为避免在心脏按摩时伤者呕吐物倒流或吸入气管，在做胸外心脏按压前，应将伤者的头部放低些，并使其面部偏向一侧。

③按压和人工呼吸同时进行时，其比例为15:2，即15次心脏按压，2次吹气，交替进行。操作时，抢救者同时计数1、2、3、4、5、……、15次按压后，抢救者迅速倾斜头部，打开气道，深呼气，捏紧伤者鼻孔，快速吹气2次。然后再回到胸部，重新开始心脏按压15次。如此反复进行，一旦心跳开始，立即停止按压。

（2）注意事项：单人进行心肺复苏抢救1分钟后，可通过看、听和感觉来判定有无呼吸。以后每4～5分钟检查1次。操作时，中断时间最多不得超过5秒钟。

一旦心跳开始，立即停止心脏按压，同时尽快把伤者送到医院诊治。

2. 双人心肺复苏术

双人心肺复苏法是指两人同时进行徒手操作，即一人进行心脏按压，另一个进行人工呼吸。

（1）操作要领：双人抢救的效果要比单人进行的效果好。按压速度为1分钟60次。心脏按压与人工呼吸的比例为5：1，即5次心脏按压，1次人工呼吸，交替进行。

一人做4次胸外心脏按压后，另一人做口对口人工呼吸2次。如此反复进行，直到伤者恢复呼吸、心跳或确诊死亡为止。

（2）注意事项：操作时，中断时间最多不得超过5秒。

什么时候停止心脏按压好呢？首先触摸伤者的手足，若温度略有回升的话，则进一步检查颈动脉搏动，也是心跳开始的证据，此时应立即停止心脏按压。

3. 心肺复苏有效的指标

经现场心肺复苏后，可根据以下几条指标考虑是否有效。

（1）瞳孔：若瞳孔由大变小，复苏有效；反之，瞳孔由小变大、固定、角膜混浊，说明复苏失败。

（2）面色：由发绀转为红润，复苏有效；变为灰白或陶土色，说明复苏无效。

（3）颈动脉搏动：按压有效时，每次按压可摸到1次搏动；如停止按压，脉搏仍跳动，说明心跳恢复；若停止按压，搏动消失，应继续进行胸外心脏按压。

（4）意识：复苏有效，可见伤者有眼球活动，并出现睫毛反射和对光反射，少数伤者开始出现手脚活动。

（5）自主呼吸：出现自主呼吸，复苏有效，但呼吸仍微弱者应继续口对口人工呼吸。

怎样为伤者止血

我们这里所说的止血主要是指紧急制止因周围血管出血造成血容量丧失而产生休克、死亡等严重后果的急救技术。而内脏血管出血一般不包含在内，应以救护机构的手术止血为主。

周围血管出血占伤员的 1%～3%，大、中血管损伤和软组织大块损伤的大量出血和毛细血管大量渗血，如不及时急救止血，都可造成失血性休克，甚至死亡。在境外如果遇此情况，必须及时、迅速地开展急救止血。

1. 常用的止血器材

常用的止血器材有制式和就便器材两大类：前者主要包括三角巾、绷带、橡皮止血带、局部加压充气止血带、弹力止血带等；后者主要有手帕、绞棒、各种弹力绳等。应遵循迅速、简便、有效、牢靠的原则。

2. 常见的止血方法

（1）指压止血法

指压止血法是指用手指压住动脉经过骨骼表面的部位，达到止血的目的。指压法止血是应急措施，因四肢动脉有侧支循环，故该方法效果有限，而且不能持久。四肢动脉受伤，可先用指压法止血，再改用其他方法，因此必须熟悉常用表浅动脉的走行部位。

①颈总动脉压迫止血法用于同侧头颈部出血。在胸锁乳突肌中点前缘，伤侧颈总动脉向后压于颈椎横突上。须注意此法仅用于紧急情况，一应避开气管。二要严禁同时压迫两侧颈总动脉，以防脑缺血。三是不可高于环状软骨，以免颈动脉窦受压而引起血压突然下降或休克。

②面动脉压迫止血法用于眼部以下的面部出血。在下颌角前约2厘米处，将面动脉压在下颌骨上，有时需两侧同时压迫，才能止住出血。

③颞浅动脉压迫止血法用于同侧额部和颞部出血。在耳部前对准下颌关节上方处加压。

④锁骨下动脉压迫止血法用于同侧肩部和上肢出血。在锁骨上窝、胸锁乳突肌下端后缘将锁骨下动脉向内下方压于第1肋骨上。

⑤肱动脉压迫止血法用于同侧上臂下1/3、前臂和手部出血。于上臂内侧中点，肱二头肌内侧沟处，将肱动脉向外压在肱骨上。

⑥尺桡动脉压迫止血法用于手部出血。在腕部，以两手拇指同时压于尺桡动脉上。

⑦指动脉压迫止血法由于指动脉走行于手指的两侧，故手指出血时，应捏住指根的两侧而止血。

⑧股动脉压迫止血法用于同侧的下肢出血。在腹股沟中点稍下方处，将股动脉用力压在股骨上。

⑨足部动脉压迫止血法用两手拇指分别按压于足背动脉和内踝后方的胫后动脉上。

（2）止血带止血法

①橡皮止血带：先在出血处的近心端用纱布垫或衣服、毛巾等物垫好，然后再扎橡皮止血带，方法是：用一手拇、食、中指夹持止血带头端，将尾端绕肢体一圈后压住止血带头端和手指；再绕肢体一圈，用食指、中指夹住尾端，抽出手指即成一活结。

②绞棒止血法：在无制式止血带时，可用三角巾、绷带、手帕等就近材料折叠成带状，缠绕在伤口近心端（仍需加垫），并在动脉走行的背侧打结，然后用

小木棒、笔杆等插入绞紧，直至出血停止。其步骤归纳为：一提二绞三固定。

使用止血带注意事项如下：

先扎止血带后包扎。若能用加压包扎等其他方法止血，最好不用止血带止血。

要松紧适度，以达到压迫动脉为目的。太松仅仅压迫了静脉，使血液回流受阻，反而出血更多，并引起组织淤血、水肿；太紧可导致软组织、血管、神经损伤。

扎止血带部位应加垫，而不能直接扎在皮肤上，以免损伤皮肤。

止血带必须扎在靠近伤口的近心端，而不强求标准位置。前臂和小腿扎止血带不能达到止血目的，故不宜采用。

必须注明扎止血带的时间，通常以每隔2～3小时松一次为宜，每次松5～10分钟。放松时要用指压止血。松时要缓慢放松，防止再次突然出血导致血压急剧下降。扎止血带最好不超过5小时。

（3）加压包扎止血法

用于一般出血，取纱布、棉垫等物，放在伤口敷料的外层，然后加压包扎即可。

意外骨折怎么办

突发性事件很容易造成人员伤害，比如缺腿断臂、浑身青肿、脊椎骨折。若有更严重伤势急待处理，可以先不固定伤骨。但在搬移前应先固定包扎，随后再完成治疗。

对于骨折可用固定的方法急救，固定整条断肢，用绳子吊起断臂。为了增加固定的稳定性，在没有夹板的情况下可将伤肢与对称的另一肢一起绑扎。在双肢之间空隙部位填充衬垫，使得伤肢处于合适的位置。在断肢上下及邻近关节之间用柔软结实的材料绑牢扎紧。所有的绳结应位于同一边，平结会便于检查伤口。悬吊材料以三角形绷带最为理想，布料、腰带等在紧急时也可使用。不能用绑绳直接捆扎伤口，或者让绳结压住伤肢。按时检查血液循环是否通畅。如果发现手指变青或发白，说明吊带与布条可能绑扎过紧了。

（1）肘部以下骨折

用悬带将伤臂吊于肩上。从肘部至中指用加垫的夹板固定。在肘部下方打结可以阻止滑动。手臂抬高可以避免严重肿胀。

（2）肘部骨折

肘部弯曲，用狭长吊带支持。上臂与胸部捆扎在一起，阻止上臂摆动。检查脉搏，确保血液循环。如果摸不到脉搏跳动，可稍稍将臂部放直，观察能否恢复。如果断肘僵直，别硬要弄弯它。用加垫的夹板将它竖直固定，用吊带将断臂绑在腰部。

（3）上臂骨折

从肩到肘用加垫的夹板固定，腕部用窄带吊于颈部。

（4）肩胛骨骨折

用吊带支撑受伤部位重量，用绷带将臂部与胸部固定。

（5）锁骨骨折

用吊带支撑受伤部位重量，用绷带将臂部与胸部固定。

（6）下肢骨折

需用"8"字形绷带将足踝与双腿都捆扎起来，这样可以防止断肢翻转或缩短。

（7）髋部或大腿骨折

将一块夹板放于腿部内侧，另一块更长的夹板放于伤肢外侧，由胯部至足踝部，用绷绳捆扎固定。如果没有夹板，可在两腿之间夹上衬垫、折叠的毛毯或衣物，伤肢绑扎固定于对称的另一条腿上。

（8）膝部骨折

如果伤腿僵直，将夹板置于腿后，膝部加垫。如果有条件，用冰块冷敷膝部。如果伤腿弯曲，不要强行拉直，可将双腿并拢，腿之间加垫，绷带扎牢。如果不能得到及时的医疗援助，那么应尽可能将伤腿绑直。

（9）小腿骨折

从膝上部开始固定夹板，或者在双腿间加垫、捆绑。

（10）足部或踝部骨折

通常不用夹板，抬高足部以减缓肿胀。用枕垫或折叠式毛毯包裹踝部及足。踝部以上绑扎两圈，足部绑扎一圈。另外，如果没出现伤口，可以不必脱鞋，以起到固定作用。伤员足部不能负重。

（11）骨盆骨折

表现为腹股沟或下腹部疼痛。膝部及踝部分别绑扎，腿部弯曲处垫上衬垫，整个身体固定于平台上，担架、门板或桌面等都可以。分别于肩部、腰部及踝部绑扎牢靠。在两腿之间加垫，足、踝、膝和大腿之间分别用绷带绑扎固定，用两根更长的绷带绑扎骨盆部。

（12）颅骨骨折

症状表现为血液或淡黄色黏液从眼鼻处渗出。伤员应放置于恢复位，渗液面朝下，允许黏液流出来，这样就不会压迫大脑皮层。仔细检查确保伤员能否正常呼吸。完全式固定包扎，尽可能让伤员舒服一些。

（13）脊椎骨折

如果伤员颈背部疼痛，而且下肢可能失去感觉，应判断是否是脊椎骨折。轻轻触动伤员肢体，察看有无感觉；要求病人按指示运动手指及脚趾。如果没有希望获得医疗援助，此处又很安全，要求病人静静躺卧。用合适的物品，如行李或垫石支在身体左右，防止头部或躯体摆动。

（14）颈椎骨折

怀疑颈椎发生骨折时，必须用适当材料围住颈部，阻止晃动。用卷起的报纸、折叠的毛巾、车坐垫等材料都可以，折叠成宽 10～14 厘米的带状物，根据伤者从胸骨至下颌部的距离，朝向面部的一侧要折叠得宽一些，围住颈部，用布带或鞋带系好。防止颈椎骨折产生更严重的后果。同时，将伤员肩部及髋部绑扎牢固，用柔软有弹性的物品垫在大腿、膝盖及足踝之间。用宽松的绷带绑扎双膝及双腿，全身固定。尽快寻求医疗救助。

怎样搬运伤者

在境外，如果同行者出现受伤情况就会面临搬运的情形。搬运的目的是迅速、安全地将伤员搬至安全地域或送到上级医疗机构，以防止伤员在现场再受伤，并使其能得到及时、有效的医疗救治。

除了徒手搬运以外，尚可利用各种类型的担架进行搬运。常用的有帆布担架、铲式担架、篮型担架、婴儿担架、救护车担架、轻型担架、充气担架、浮力担架、长板担架、短背挡板等。

（1）搬运前，如情况许可，一般应先止血、包扎、固定后搬运。

（2）应根据现场情况，选用灵活的搬运方法和运送工具，确保伤员安全。

（3）动作要轻而迅速，避免和减少震动。

（4）搬运过程中，如发现伤员有面色苍白、头晕、眼花、脉搏细弱等休克征象时，应暂停搬运，就地进行急救处理，待情况好转后，再继续搬运。

1. 徒手搬运法

（1）单人搬运法适用于伤势较轻，运送距离较近的伤者。

①扶持法：适用于伤势较轻可以行走的伤者。搬运者站在伤员一侧，一手从背后抱着伤员的腰，另一手握着伤员从自己颈后到肩上搭过来的手腕，使其身体靠着自己往前走。

②抱持法：适用于体重较轻的伤者。搬运者用手分别托住伤员的背和大腿，

让伤员手抱搬运者的颈部，则可将伤员抱起。

③肩负法：搬运者用手分别抓住伤员的手腕和腘窝部，肩部顶着伤员的腹部，协调用力将伤员扛上肩。

④背负法：适用于体重较轻的老弱及年幼者。让伤员双手从后往前抱着搬运者的颈肩部，搬运者双手向后抱住伤员的腘窝部，并尽可能使自己的双手能在腰部后交叉扣住，则可轻便些。如伤员神志不清，则应仰卧在伤员一侧，并用手分别握住伤员的肩和腿部用力翻身，使伤员伏在自己的肩背上，再缓慢站起来进行背负搬运。

⑤拖曳法：适用于昏迷及下肢伤重者。可根据情况选用衣服、毛毯、床单、雨衣等物，将伤员放在拖曳物上并捆扎固定，用绳索与其连接后由搬运者肩负绳索在较平坦的地面上前进，拖行时不能弯曲旋转伤者的颈背部。

（2）双人搬运法

①座椅式：适用于搬运双手受伤，不能扶攀的伤者。两位搬运者对面站立，三手相握作椅垫，另一手扶对方的肩部作椅背。让伤员坐上椅垫，并让伤员双手分别抱住两位搬运者的颈部。

②平托式：两位搬运者蹲在伤员的同一侧，四只手放在伤员的颈后至大腿部，一齐用力将伤员平直地托起。

③拉车式：适用于搬运意识不清的伤者。一位搬运者用双手经伤员腋下将其抱在自己怀里，另一位站在伤员两腿之间用双手抱住伤员的腘窝，同时用力将伤员抬起。

（3）三人搬运法

平托式适用于搬运不宜翻动，如脊柱伤的伤者。三位搬运者蹲在伤员的两侧，六只手放在伤员的颈后至大腿部，一齐用力将伤员平直地托起。

2. 担架搬运法

适用于伤势较重，搬运距离较远的伤者。担架放在伤员的伤侧，担架员单腿跪在伤员的健侧，一人托住伤员的头、颈肩部，一人托住伤员的腰臀、膝下部，同时托起，轻放担架上。行进中，伤员头在后，脚在前，以便后面的担架员观察伤员的伤情变化。上坡时伤员头在前，下坡时伤员脚在前。脊柱伤者要有专人牵引头部，固定身体，避免移动。运送途中，要密切观察生命体征及伤情，按时系放止血带，汽车运送时要固定担架，以免再度受伤。没有制式担架时，可以利用就便器材制成简易担架。

3. 特殊部位伤搬运法

（1）颅脑损伤

保护好膨出的脑组织，将伤员侧卧或半俯卧于担架上，用毛巾或衣物将头部垫好，保持呼吸道通畅。

（2）开放性气胸

须先封闭气胸伤口，然后取伤员便于呼吸的体位（如单人扶持法、双人座椅法或半坐于担架上等）进行搬运。

（3）腹部外伤

须先包扎好脱出的腹腔脏器，然后使伤员在担架上取仰卧位，屈曲下肢进行搬运。

（4）脊柱、脊髓损伤

对可疑脊柱损伤的伤员，若下肢主动活动存在，膝反射无异常，说明脊髓未损伤。搬运时严禁采用使脊柱出现屈曲、扭转等改变脊柱姿势的搬运方法，以免继发损伤脊髓。正确的搬运是由2～4人将伤员平托起，轻放于担架上，或用平托手法将伤员滚至担架上。若只有一位搬运者，则应将伤员的躯干保持伸直位滚至担架上。如有颈椎损伤，在用平托法将伤员抬或滚至担架上时，要有一人稳定头部并加以牵引，使颈椎与躯干部保持平直，在担架上颈下应置小枕，头两侧置软枕等物体进行固定。对胸腰椎损伤的伤员，在担架上要保持过伸位，严禁屈曲位，可采用俯卧位，或取仰卧位时损伤部位要用软枕等垫高10厘米。

附录：中国部分驻外大使馆联系方式

1. 亚洲地区

驻阿富汗大使馆

- 电话：0093-20-2102545，0093-20-2102728

- 传真：0093-20-2102728

驻阿拉伯联合酋长国大使馆

- 电话：00971-2-4434276

- 传真：00971-2-4764402

驻迪拜总领馆

- 电话：00971-4-3944733

- 传真：00971-4-3952207

驻阿拉伯叙利亚共和国大使馆

- 电话：00963-11-3339594

- 传真：00963-11-3338067

驻阿曼苏丹国大使馆

- 电话：00968-24696698，00968-99216747

- 传真：00968-244699208

驻阿塞拜疆共和国大使馆

- 电话：00994-12-4936129

- 传真：00994-12-4980010

驻巴基斯坦伊斯兰共和国大使馆

- 电话：0092-51-8255016

- 传真：0092-51-2872708

驻菲律宾共和国大使馆

- 电话：0063-2-8482409

- 传真：0063-2-8452465

驻哈萨克斯坦共和国大使馆

- 电话：007-7172-793561

- 传真：007-7172-793565

驻柬埔寨王国大使馆

- 电话：00855-12901923，00855-12810928

- 传真：00855-23720925

驻老挝人民民主共和国大使馆

- 电话：00856-21-315100

- 传真：00856-21-315104

驻黎巴嫩共和国大使馆

- 电话：00961-1-856133

- 传真：00961-1-822492

驻马来西亚大使馆

- 电话：0060-3-21411729，21447652

- 传真：0060-3-21414552，21453924

驻蒙古国大使馆

- 电话：00976-11-320955

- 传真：00976-11-311943

驻尼泊尔大使馆

- 电话：00977-1-4411740

- 传真：00977-1-4414045

驻日本国大使馆

- 电话：0081-3-34033388

- 传真：0081-3-34035447

驻沙特阿拉伯王国大使馆

- 电话：00966-11-4832126

- 传真：00966-11-2812070

驻泰王国大使馆

- 电话：0066-22457044

- 传真：0066-22468247

驻伊斯坦布尔总领馆

- 电话：0090-212-2992188

- 传真：0090-212-2992633

驻土库曼斯坦大使馆

- 电话：00993-65711763

- 传真：00993-12-210670

驻文莱达鲁萨兰国大使馆

- 电话：00673-2334163

- 传真：00673-2335710

驻乌兹别克斯坦共和国大使馆

- 电话：00998-712334728

- 传真：00998-712334735

驻新加坡共和国大使馆

- 电话：0065-64180252，0065-64795345

- 传真：0065-64793250

驻伊朗伊斯兰共和国大使馆

- 电话：0098-21-22291240

- 传真：0098-21-26118905

驻以色列国大使馆

- 电话：00972-3-5442638

- 传真：00972-3-5467251

驻印度共和国大使馆

- 电话：0091-11-26112345

- 传真：0091-11-26885486

驻印度尼西亚共和国大使馆

- 电话：0062-21-57610037

- 传真：0062-21-5761038

驻越南社会主义共和国大使馆

- 电话：0084-4-38453736

- 传真：0084-4-38232826

驻格鲁吉亚大使馆

- 电话：00995-32-252670 转 2307/2402 00995-99-650585

- 传真：00995-32-250996

驻亚美尼亚共和国大使馆

- 电话：00374-10-587656

- 传真：00374-10-545761

2. 非洲地区

驻阿尔及利亚民主共和国大使馆

- 电话：00213-21-692724

- 传真：00213-21-693056

驻阿拉伯埃及共和国大使馆

- 电话：002-02-27380466

- 传真：002-02-27359459

驻埃塞俄比亚联邦民主共和国大使馆

● 电话：00251-11-3711959

● 传真：00251-11-3712457

驻安哥拉共和国大使馆

● 电话：00244-222444658

● 传真：00244-222444185

驻贝宁共和国大使馆

● 电话：00229-21301292

● 传真：00229-21300841

驻刚果共和国大使馆

● 电话：00242-2811132

● 传真：00242-2811135

驻刚果民主共和国大使馆

● 电话：00243-813330263

● 传真：00873-763667861

驻吉布提共和国大使馆

● 电话：00253-352247

● 传真：00253-354833

驻几内亚共和国大使馆

● 电话：00224-64006622

● 传真：00224-30469583

驻几内亚比绍共和国大使馆

● 电话：00245-3256200

● 传真：00245-3256194

驻津巴布韦共和国大使馆

● 电话：00263-4-332760

- 传真：00263-4-334716

驻喀麦隆共和国大使馆

- 电话：00237-22210083

- 传真：00237-22214395

驻肯尼亚共和国大使馆

- 电话：00254-20-2726851

- 传真：00254-20-2711540

驻利比里亚共和国大使馆

- 电话：00231-6-555556

- 传真：00870-76-3667818

驻卢旺达共和国大使馆

- 电话：00250-252570843 转 166、183

- 传真：00250-570848

驻马里共和国大使馆

- 电话：00223-20213597

- 传真：00223-20213443

驻毛里求斯共和国大使馆

- 电话：00230-4549111

- 传真：00230-4646012

驻毛里塔尼亚伊斯兰共和国大使馆

- 电话：00222-452-52070

- 传真：00222-452-52462

驻摩洛哥王国大使馆

- 电话：00212-537-754056

- 传真：00212-537-757519

驻南非共和国大使馆

- 电话：0027–12–4316500

- 传真：0027–12–3424154

驻苏丹共和国大使馆

- 电话：00249–1–83272730

- 传真：00249–1–83271138

驻坦桑尼亚联合共和国大使馆

- 电话：00255–22–2667475

- 传真：00255–22–2666353

3. 欧洲地区

驻阿尔巴尼亚共和国大使馆

- 电话：00355–4–232385

- 传真：00355–4–233159

驻爱尔兰共和国大使馆

- 电话：00353–1–2601119

- 传真：00353–1–2839938

驻奥地利大使馆

- 电话：0043–1–7143149

- 传真：0043–1–7136816

驻白俄罗斯共和国大使馆

- 电话：00375–17–2849728

- 传真：00375–17–2853681

驻保加利亚共和国大使馆

- 电话：00359–2–9733947

- 传真：00359–2–9711081

驻比利时王国大使馆

- 电话：0032-478982562

- 传真：0032-27792895

驻冰岛共和国大使馆

- 电话：00354-8932688

- 传真：00354-5626110

驻波斯尼亚和黑塞哥维那大使馆

- 电话：00387-33-215102

- 传真：00387-33-215108

驻波兰共和国大使馆

- 电话：0048-22-8313836，0048-602749928

- 传真：0048-22-6354211

驻大不列颠及北爱尔兰联合王国大使馆

- 电话：0044-20-72994049

- 传真：0044-20-76362981

驻德意志联邦共和国大使馆

- 电话：0049-30-27588529

- 传真：0049-30-27588221

驻俄罗斯联邦大使馆

- 电话：007-495-9561168

- 传真：007-495-9561168

驻芬兰共和国大使馆

- 电话：00358-9-2289-0129

- 传真：00358-9-2289-0155

驻荷兰王国大使馆

- 电话：0031-70-3065091

- 传真：0031-70-3065085

驻捷克共和国大使馆

- 电话：00420-233028898

- 传真：00420-233028845

驻挪威王国大使馆

- 电话：0047-22148908

- 传真：0047-22920677

驻葡萄牙共和国大使馆

- 电话：00351-21-3928430

- 传真：00351-21-3975632

驻瑞典大使馆

- 电话：0046-8-57936429

- 传真：0046-8-57936452

驻瑞士联邦大使馆

- 电话：0041-313514593

- 传真：0041-313514573

驻乌克兰大使馆

- 电话：0038-044-2533492

- 传真：0038-044-2302622

驻西班牙大使馆

- 电话：0034-91-5194242

- 传真：0034-91-5192035

驻希腊共和国大使馆

- 电话：0030-6973730680，0030-6973430531

- 传真：0030-210-6723819

驻匈牙利共和国大使馆

- 电话：0036-1-4132415

- 传真：0036-1-4133378

驻意大利共和国大使馆

- 电话：0039-06-96524200

- 传真：0039-06-85352891

4. 美洲地区

驻阿根廷共和国大使馆

- 电话：005411-45478100，0054911-53205561

- 传真：005411-45451141

驻巴巴多斯大使馆

- 电话：001-246-4356890

- 传真：001-246-4358300

驻巴哈马国大使馆

- 电话：001-242-3931415

- 传真：001-242-3930733

驻巴西联邦共和国大使馆

- 电话：0055-61-21958200

- 传真：0055-61-33463299

驻秘鲁大使馆

- 电话：0051-1-4429466

- 传真：0051-1-4429467

驻多民族玻利维亚国大使馆

- 电话：00591-2-2793851

- 传真：00591-2-2797121

驻厄瓜多尔共和国大使馆

- 电话：00593-2-2444362

- 传真：00593-2-2444364

驻哥伦比亚共和国大使馆

- 电话：0057-1-6223126

- 传真：0057-1-6223114

驻古巴共和国大使馆

- 电话：00537-8360037

- 传真：00537-8333092

驻圭亚那合作共和国大使馆

- 电话：00592-2271652

- 传真：00592-2259228

驻加拿大大使馆

- 电话：001-613-7893434

- 传真：001-613-7891911

驻美利坚合众国大使馆

- 电话：001-202-4952266

- 传真：001-202-3282582

驻墨西哥合众国大使馆

- 电话：0052-55-56160609

- 传真：0052-55-56160460

驻苏里南共和国大使馆

- 电话：00597-451570

- 传真：00597-452540

驻特立尼达和多巴哥共和国大使馆

- 电话：001-868-6286417

- 传真：001-868-6227613

驻委内瑞拉玻利瓦尔共和国大使馆

- 电话：0058-414-3669865

- 传真：0058-212-9935685

驻乌拉圭东岸共和国大使馆

- 电话：00598-2-6019997

- 传真：00598-2-6018508

驻牙买加大使馆

- 电话：001-876-9273871

- 传真：001-876-9276920

驻智利共和国大使馆

- 电话：0056-2-2339880

- 传真：0056-2-2341129

5. 大洋洲地区

驻澳大利亚大使馆

- 电话：0061-2-62734780

- 传真：0061-2-62735848

驻巴布亚新几内亚独立国大使馆

- 电话：00675-3259836

- 传真：00675-3258247

驻斐济共和国大使馆

- 电话：00679-3300215

- 传真：00679-3300950

驻密克罗尼西亚联邦大使馆

- 电话：00691-3205575

- 传真：00691-3205578

驻萨摩亚大使馆

- 电话：00685-22474

- 传真：00685-21115

驻汤加大使馆

- 电话：00676-24554

- 传真：00676-24595

驻瓦努阿图共和国大使馆

- 电话：00678-23598

- 传真：00678-24877

驻新西兰大使馆

- 电话：0064-4-4721382

- 传真：0064-4-4990419